景观
设计与实训

主编 刘永福
编著 曾令秋
      杨大奇
      冀海玲
      唐壮鹏
      刘 斌

THE LANDSCAPE TEACHING AND PRACTICE SERIES

LANDSCAPE DESIGN AND PRACTICE TRAINING

景观教学与实践丛书

辽宁美术出版社

图书在版编目（ＣＩＰ）数据

景观设计与实训 / 曾令秋等编著. —— 沈阳：辽宁
美术出版社，2014.5　（2015.2重印）
　（景观教学与实践丛书）
　ISBN 978-7-5314-6101-2

　Ⅰ. ①景… Ⅱ. ①曾… Ⅲ. ①景观设计−教材 Ⅳ.
①TU986.2

中国版本图书馆CIP数据核字(2014)第089838号

出 版 者：辽宁美术出版社
地　　址：沈阳市和平区民族北街29号　邮编：110001
发 行 者：辽宁美术出版社
印 刷 者：沈阳市博益印刷有限公司
开　　本：889mm×1194mm　1/16
印　　张：8
字　　数：165千字
出版时间：2014年5月第1版
印刷时间：2015年2月第2次印刷
责任编辑：郭　丹
封面设计：范文南　洪小冬
版式设计：彭伟哲　薛冰焰　吴　烨　高　桐
技术编辑：鲁　浪
责任校对：李　昂
ISBN 978-7-5314-6101-2
定　　价：58.00元

邮购部电话：024-83833008
E-mail:lnmscbs@163.com
http://www.lnmscbs.com
图书如有印装质量问题请与出版部联系调换
出版部电话：024-23835227

21世纪全国高职高专美术·艺术设计专业
"十二五"精品课程规划教材

序 >>

当我们把美术院校所进行的美术教育当做当代文化景观的一部分时，就不难发现，美术教育如果也能呈现或继续保持良性发展的话，则非要"约束"和"开放"并行不可。所谓约束，指的是从经典出发再造经典，而不是一味地兼收并蓄；开放，则意味着学习研究所必须具备的眼界和姿态。这看似矛盾的两面，其实一起推动着我们的美术教育向着良性和深入演化发展。这里，我们所说的美术教育其实有两个方面的含义：其一，技能的承袭和创造，这可以说是我国现有的教育体制和教学内容的主要部分；其二，则是建立在美学意义上对所谓艺术人生的把握和度量，在学习艺术的规律性技能的同时获得思维的解放，在思维解放的同时求得空前的创造力。由于众所周知的原因，我们的教育往往以前者为主，这并没有错，只是我们更需要做的一方面是将技能性课程进行系统化、当代化的转换；另一方面需要将艺术思维、设计理念等这些由"虚"而"实"体现艺术教育的精髓的东西，融入我们的日常教学和艺术体验之中。

在本套丛书实施以前，出于对美术教育和学生负责的考虑，我们做了一些调查，从中发现，那些内容简单、资料匮乏的图书与少量新颖但专业却难成系统的图书共同占据了学生的阅读视野。而且有意思的是，同一个教师在同一个专业所上的同一门课中，所选用的教材也是五花八门、良莠不齐，由于教师的教学意图难以通过书面教材得以彻底贯彻，因而直接影响到教学质量。

学生的审美和艺术观还没有成熟，再加上缺少统一的专业教材引导，上述情况就很难避免。正是在这个背景下，我们在坚持遵循中国传统基础教育与内涵和训练好扎实绘画（当然也包括设计摄影）基本功的同时，向国外先进国家学习借鉴科学的并且灵活的教学方法、教学理念以及对专业学科深入而精微的研究态度，辽宁美术出版社会同全国各院校组织专家学者和富有教学经验的精英教师联合编撰出版了《21世纪全国高职高专美术·艺术设计专业"十二五"精品课程规划教材》。教材是无度当中的"度"，也是各位专家长年艺术实践和教学经验所凝聚而成的"闪光点"，从这个"点"出发，相信受益者可以到达他们想要抵达的地方。规范性、专业性、前瞻性的教材能起到指路的作用，能使使用者不浪费精力，直取所需要的艺术核心。从这个意义上说，这套教材在国内还是具有填补空白的意义。

21世纪全国高职高专美术·艺术设计专业"十二五"精品课程规划教材编委会

目录 contents

第一章　景观规划设计的基本理论

本章重点 》
1. 运用景观规划设计原则分析景观规划设计案例。
2. 在进行景观规划设计时如何兼顾景观规划设计的各个原则。

学习目标 》
掌握景观规划设计的相关概念，掌握景观规划设计的基本原则。

建议学时 》
4学时。

第一章　景观规划设计的基本理论

景观规划设计是一门融自然科学与人文艺术于一体的应用型职业技术，同时景观规划设计也是一种文化。随着经济的发展、社会的进步，人们越来越注重与环境的和谐相处，人们通过各种努力，改造自然，营造一个温馨的环境，以陶冶情操，愉悦心情。

景观规划和设计的起源应该说自然和人类与生俱来，从远古时期人类的各种洞穴，无不体现出人们对自然环境功能和美感的追求。但随着时代的变迁，景观规划设计从形式、内容、方法和手段上都有了更丰富的内容。在人们特别注重环境的今天，如何设计和构建和谐的人地关系，形成了景观规划和设计的新课题。

第一节　景观规划设计的概念

一、景观（Landscape）

什么是景观？正可谓"横看成岭侧成峰，远近高低各不同"，从不同的角度看就有不同的体会和不同的理解，也就有了不同的定义。

从地理学家的角度来看，景观被定义为一种地表景象，如城市景观、森林景观等；从艺术家的角度看，景观作为表现与再现的对象，往往等同于风景；从建筑师的角度看，景观作为建筑物的配景或背景。但从组成景观的元素来看，景观又可以理解为"土地及土地上的空间和物体所构成的综合体"（如图1-1～1-7）。

再回到如何定义景观的话题。

美国景观设计师协会关于景观设计的定义：景观设计是一种包括自然及建成环境的分析、规划、设计、管理和维护的职业。职业范围的活动包括公共空间、商业及居住用地场地规划、景观改造，城镇设计和历史保护等。

而从景观规划设计本身所做的具体工作来看，景观是既具体又抽象的集合体，它借助园林中的山石、水体、植物、建筑等元素，在空间上通过不同的组合，创造出视觉上美的景象，在实现一定功能的同时，满足人类对美的欣赏需求。

图1-1　广西桂林龙脊梯田人工与自然的结合

图1-2　著名长寿之乡巴马"命河"，蜿蜒的河流形成了美丽的自然景观

二、景观规划设计

既然景观从规划与设计的角度而言，是山石、水体、植物、建筑等元素的集合，因此景观规划设计可以理解为一种科学和艺术相结合的设计，通过这种设计，科学而艺术地运用山石、水体、植物、建筑等元

图1-3

图1-4

图1-5 丽江的古建筑形成了民俗民风的独特景观

图1-6 生活环境空间是一种心情

图1-7 一种寓于思想的空间场所也是意境

素，达到实用功能与艺术美感相结合的环境。

　　为了实现这种目的，就需要对原有环境进行综合分析，科学地规划布局、艺术地进行景点设计，并采取改造、保护、恢复等手段，最终提交整体解决方案，在审定后进行监理和实施（如图1-8）。

　　根据解决问题的性质、内容和尺度的不同，景观规划设计又包含着两个方面，即景观规划（Landscape Planning）和景观设计（Landscape Design）。前者往往是指在较大尺度范围内，基于对自然和人文过程认识，协调人与自然的关系的过程，具体说是为某些使用目的安排最适合的地方和在特定地方安排最恰当的土地利用，而对这个特定的地方的设计就是景观设计。但实际上一般都统称景观规划设计（如图1-9）。

　　景观规划设计的内容根据其范围的大小也有很大的不同。大面积的河域治理、城镇总体规划大多是从地理和生态角度出发；中等规模的主题公园设计、街道景观设计常常从规划和园林的角度出发；面积相对较小的城市广场、小区绿地，甚至住宅庭院等却是从详细规划与建筑角度出发。但无论是哪一种规模，所有这些项目都涉及景观的各个因素。

　　在规划及设计过程中对景观因素的考虑，通常又分为硬景观(hardscape)和软景观(softscape)。硬景观是指人工设施，通常包括铺装、雕塑、凉棚、坐椅、灯光、指示牌等。软景观是指人工植被、河流等仿自然景观，如喷泉、水池、抗压草皮、修剪过的树木等（如图1-10）。

　　景观规划设计与现代意义上的城市规划的主要区别在于，景观规划设计是物质空间的规划和设计，包括城市与区域的物质空间规划设计，而城市规划更主要关注社会经济和城市总体发展和计划。景观在中国目前的城市规划专业仍在主要承担城市的物质空间规划设计，这是因为中国景观的发展滞后的结果。因为只有同时掌握关于自然系统和社会系统两方面知识，懂得如何协调人与自然关系的景观设计师，才有可能设计人地关系和谐的城市（如图1-11）。

　　与环境艺术的主要区别在于，景观设计学的关注点是用综合途径解决问题，关注一个物质空间整体设计，解决问题的途径是建立在科学理性的分析基础上的，而不仅仅依赖设计师的艺术灵感和艺术创造。

MASTER PLAN
总平面图

SCALE:1:2400

N

1 主入口广场
2 会所
3 沿河景观道
4 观景平台
5 观湖小亭
6 青城河
7 私家花园
8 亲水木栈道
9 次入口
10 亲水木平台
11 湖心喷泉

图1-8 景观规划设计图

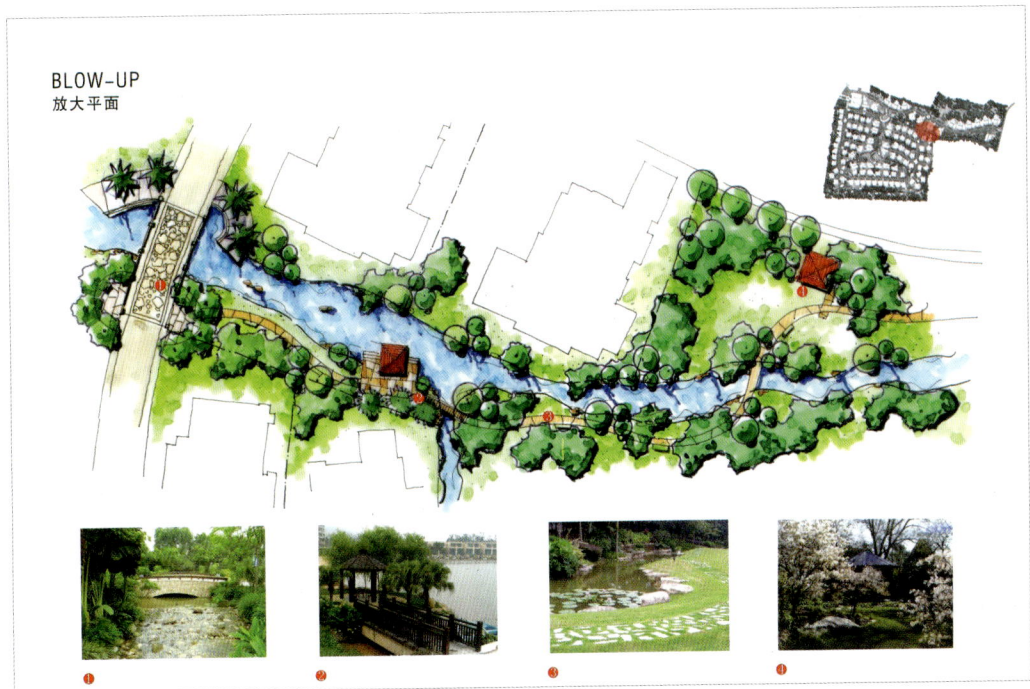

BLOW-UP
放大平面

图1-9 景观设计图

图1-10 某汽车城规划设计

SITE PLANNING 总平面图

图1-11 较大综合类型的景观设计

三、景观设计师

再谈谈景观设计师。既然景观规划设计是一种职业，因而也就有其职业资格的定义范畴。

景观设计师的称谓由美国景观设计之父奥姆斯特德（Olmsted）于1858年非正式使用，1863年被正式定为职业称号。奥姆斯特德坚持用景观设计师而不用当时盛行的风景花园师或风景园林师，这的确是职业称谓上的创新，是对职业内涵和外延的一次深远的扩充，和对一个职业门类成熟和完善的肯定（如图1-12）。

在我国人力资源与社会保障部职业资格的定义中

有详细的描述：景观设计师是运用专业知识及技能，从事景观规划设计、园林绿化规划建设和室外空间环境创造等方面工作的专业设计，其从事的主要工作包括：①景观规划设计；②园林绿化规划建设；③室外空间环境创造；④景观资源保护。它的专业及核心是景观与风景园林规划及设计，其相关专业及知识包括城市规划、生态学、环境艺术、建筑学、园林工程学、植物学等。

景观设计师有别于传统造园师、园丁、风景花园师的根本之处在于：景观设计职业是大工业、城市化和

图1-12 城区规划设计图

社会化背景下的产物，是在科学与技术基础之上发展出来的；景观设计师所要处理的对象是土地综合体的复杂的综合问题，绝不是某个层面；景观设计师所面临的问题是土地、人类、城市和土地上的一切生命的安全与健康以及可持续发展的问题。是以土地的名义，以人类和其他生命的名义，以及以人类历史与文化遗产名义来监护、合理地利用、设计脚下的土地及土地上的空间和物体（如图1-13）。

图1-13　古镇保护（黄姚古镇）

第二节 ///// 景观规划设计的原则

自古以来，人们就强调"天、地、人、神"和谐的理念，这也是景观规划设计的基本理念。从这个理念出发，就要求我们的设计尊重自然（天、地）、尊重人、尊重神（即精神，如历史、文化、宗教等）。这个理念的具体化，就形成了景观规划设计的一般原则。

一、景观规划设计的整体性原则

景观规划设计的整体性原则就是要求从整体上确立景观的主题与特色，这是景观规划设计的重要前提。缺乏整体性设计的景观，也就变成毫无意义的零乱堆砌。

景观规划设计的整体特色是指景观规划设计的内在和外在特征。它来自于对当地的气候、环境等自然条件及历史、文化、艺术等人文条件的尊重与发掘。不是随设计者主观断想与臆造的，更不是肆意吹捧的。而是通过对景观设计功能、规律的综合分析，以及对自然、人文条件的系统研究，对现代生产技术的科学把握基础上，进而提炼、升华创造出来的与人们

活动紧密交融的景观特征。

景观规划设计的整体性首先应立足于自己的一方水土，尊重地域与气候，尊重民风乡俗。景观设计的主题与总体景观定位是一体化的，正是其确立的整体性原则决定了环境景观的特色，并有效地保证了景观的自然属性和真实性，从而满足了人们的心理寄托与感情归宿。所有这些心境的取得，都是景观设计的出发点，是站在整体性的高度解决设计中出现的问题，而进行综合性的考虑和处理（如图1-14）。

二、景观设计的前瞻性原则

景观规划设计应有适当的前瞻性，所谓设计的前瞻性，有三个层面的意思：①设计要符合自然规律的内在要求，并经得起时间的考验和历史的验证。这就要求我们在设计中，尊重自然，尊重社会，尊重科学，找出它们各自的内在规律，并运用到设计中去。景观规划设计要处理好生态性景观，使自然界的各种物质共生共存，和谐相处，形成一个良好的循环。合理运用植物、水、丘陵、坡地等来调节湿度、温度、风性、风向、反射、有害辐射、吸尘、减尘、提高大气透明度、降低噪音、改善某一区域的小气候，使人与自然能相互平衡、

相互依存、相互促进，也使得我们的环境景观能可持续发展。②设计要符合科学技术的不断进步，力求在美学追求和形式表现上，保证景观规划设计在景观未来发展中不会落后。③设计要处理好内部道路与周围外部路网的衔接关系，采用太阳能等新技术、新手段，贯彻环保、节能、资源综合利用的概念，给后人留有发展空间（如图1-15）。

三、景观设计的生态性原则

在景观设计中要充分体现出自然的美，避免过分人工雕琢。回归自然、亲近自然是人的本性，是景观规划设计发展的基本方向。充分保留居住区地块、植物、文化的原生态性（如图1-16、1-17）。

景观设计第一步就要考虑到当地的生态环境特点，对原有土地、植被、河流等要素进行保护和利用；第二步就是要进行自然的再创造，即在人们充分尊重自然生态系统的前提下，发挥主观能动性，合理规划人工景观。在任何景观环境中，每一种景观创造的背后都应与生态原则相吻合，都应体现出形式与内容内在的理性与逻辑性。特别是要重视现代科学技术与自然资源利用的结合，寻求适应自然生态环境的景观表现形式，创造出整体有序、协调共生的良性生

图1-14 建筑外观造型整体性

图1-16 就地取材建造的石墙

图1-15 广西柳州三江侗族木楼，虽经数百年风霜，仍旧牢固且风韵犹存

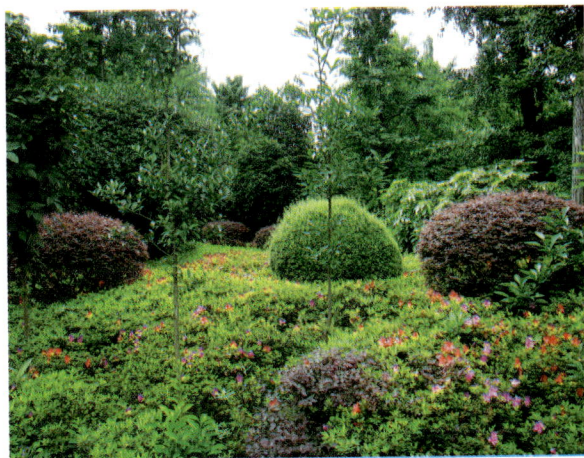
图1-17 多重植物构成美丽的画面

态系统，为当地人们的生存和发展提供适宜的环境。美国著名的景观建筑师西蒙兹认为："应把青山、峡谷、阳光、水、植物和空气带进集中计划领域，细心而有系统地把建筑置于群山之间、河谷之畔，纳于风景之中。"具有生态性的环境景观能够唤起人们美好的情趣和感情的寄托，从而达到诗意般的效果。

达到这样的效果需要我们关注生物多样性的构成，自然的生态系统是有很宽的包容性的，它包容了丰富多样的生物。生物多样性至少包括三个层次的含义：生物遗传基因的多样性、生物物种的多样性和生态系统的多样性。多样性维持了生态系统的健康和高效，因此是生态系统服务功能的基础。与自然相合作的设计就应尊重和维护其多样性，景观规划设计就应该遵循为生物多样性而设计。关于如何通过景观格局的设计来保持生物多样性，是景观生态规划的一个最重要的方面。自然保护区、风景区、城市绿地是世界上生物多样性保护的最后堡垒。每天都有物种从地球上消失的今天，乡土杂草比异国奇卉具有更为重要的生态价值。

四、景观设计的人文原则

设计好的景观环境离不开所在地区的文化脉络。人文景观是其所处环境的一个组成部分，对创造良好景观形象有着重要的作用。同时良好的景观本身又反映了一定的文化背景和审美趋向，离开文化与美学去谈景观，也就降低了景观的品位和格调。优美的景观与浓郁的地域文化、地方美学应有机统一，和谐共生。凯文·林奇说过，"人们通常认为美的对象，多数是单一意义的，如一幅画、一棵树。通过长期的发展和人类意志的某种影响，在其中有了一种从细部到整个结构的密切的可见的联系"。在人们的生活中，审美是建立在传统的文化体验基础上。体验文化的核心就是"传统"，景观设计的人文特色就是在解析传统因素之后上升到又一个新的层次去阐释和建构

的。重视景观规划设计的人文原则，正是从精神文化的角度去把握景观的内涵特征。环境景观提纯和演绎了自然环境、建筑风格、社会风尚、生活方式、文化心理、审美情趣、民俗传统、宗教信仰等要素，再通过具体的方式表达出来，能够给人以直观的精神享受（如图1-18~1-20）。

图1-18　广西桂林榕湖饭店景观

图1-19　孔子圣庙

景观环境的文化特征是通过空间和空间界面表达出来，并通过其象征性体现出文化的内涵。保持文化脉络，不能只在浅层的装饰层面去提取符号，在空间组织、意义和象征的层面上应进行更多的探索。本地区的文化脉络是保持和发展当地环境景观特色的根本，失去地区文化的传承，将导致地区文化特征的消亡，无法

图1-20

图1-21　云南丽江束河古镇酒吧

诠释自身所具有的文化含义。地区景观特色，是当地人文、地理、民俗、民风、民族所特有的，是区别于其他地方环境特色的根本，也是各个民族各具特色的精神所在。对于这样的一个地方文化、地方精神，我们要保持对原有特色的保护和开发，同时也要对这样的地方精神给予足够的保护、开发和保护并重。所以我们要了解中国各民族的文化传统、风俗风情，更好地创造出中国人喜欢的生活环境和空间。真正的现代化并不意味着破坏自然、破坏生态环境，而是人与自然、人与文化、人与社会的和谐统一（如图1-21）。

在景观规划设计中，我们要时刻注意一个问题，随着我国城市的发展和村镇的改造，许多文化景观遭到严重破坏。景观风格趋同化使得具有民族和地方特色的公共空间日趋减少。民族文化的继承性是民族文化得以保存和延续的根本。挖掘和提炼具有地方特色的风情、风俗并恰到好处地将其表现在景观设计中，对于体现景观的地方文化特征、增加区域内居民的文化凝聚力和提高景观的价值都具有重要作用（如图1-22）。

图1-22　湖南凤凰苗寨

五、景观设计的可持续发展原则

景观设计要追求可持续发展，即人与自然环境的一种协调关系。发展必须以保护自然和环境为基础，在快速发展的同时使经济发展和资源保护的关系始终处于平衡或协调状态。自然景观和传统景观均是不可再生的资源。在景观设计中要对自然景观资源和传统景观资源合理地保护与利用，创造出既有自然特征、历史延续性，又具有现代性的公共环境景观。善待自然与环境，规范人类资源开发行为，减少对生态环境的破坏和干扰，实现景观资源的可持续利用，是景观设计的一项主要任务和重要原则（如图1-23）。

当地的再生资源的规划和合理科学的利用、高效的使用，就是一个可持续发展的具体表现。例如在四川汶川地震后的重建当中，羌族人民就充分利用了地震产生的石头和石板作为重建房屋地基的材料，大部分就采用一些地震破坏的山林木材，表现羌族的建筑特色，而且把这样的建筑形式在整个羌族灾区推广使用，也能形成这个地域的建筑风格和特色。一方水土一方人，在整个环境中的资源是有限的，如何循环利用，保持地方资源的持续发展，这是我们景观规划设计中必须要面临和考虑的现实问题（如图1-24）。

图1-23 桂林步行街小品

图1-24 石板做的地基

六、景观设计以人为本的原则

以人为本是管理学中的一个概念，引申到景观规划设计中来，有它特定的含义：即我们的设计中应该营造出高品质的适宜于人的景观空间，体现出对人的尊敬，使人能够融入我们设计的每一个空间。待我们的设计付诸实施后，每个人都能参与进来，不仅能聆听大自然的歌唱，观赏美丽的风景，而且可以触摸到清澈的流水，置身于花草林木之中，全方位地感受大自然的气息，以陶冶自身的情操。在设计中强调人的参与，是对人最大的尊重，因为不能由于有了景观，而把人与自然割裂开来，那是对人性的一种限制和践踏。在景观规划设计中，要全面地贯彻以人为本的原则，要设计一些适合男女老幼参与的人文景观，以体现关注弱势群体，树立相互关怀的思想。用地以内所有设施将符合国际通行的无障碍设计标准，室外避免过多的高差。同时设计中也从管理者的角度出发，尽量做到为管理者提供便利和帮助。但以人为本，并不等于藐视自然，更不能"天人相残"、"天人相抗"。而应该人与自然相互尊重，共生共存，"天人调和"。老子说："人与天地并列为三，非天地无以见生成，天地非人无以赞化育。"我们在这里强调天、地、人、神四者合一的思想，即是这个道理（如图1-25）。

图1-25

以人为本的"人"，其范畴包括社会的人、历史的人、文化的人、生物的人、不同阶层的人和不同地域的人等，也就是说景观设计只有在充分尊重自然、历史、文化和地域的基础上结合不同阶层人的生理和审美需求，才能体现设计以人为本理念的真正内涵。

以人为本的原则在环境景观中应体现：景观不是单纯的观赏和生态价值，应形成有序的空间层次、多样的交往空间，人与自然的高接触性，处处有"人"的参与，充满活力、生机。人们的生活活动一般分为个人性活动和社会性活动或必要性活动和自发性活动两类。社会性活动和自发性活动是外部环境景观设计所期望达到的景观文明目标的重要内容。自发性活动只有在适宜的空间环境中才会发生，而社会性活动则需要有一个相应的人群能够适宜地进行活动的空间环境，这样的适宜的空间环境，即场所，除了形式、比例、尺度等设计因素外，首先要考虑与这种活动相关的适宜的空间层次的构筑。如在半私密空间中幼儿和儿童游戏活动，邻居间的交往活动；在半公共空间中老年人健身、休闲活动，邻里交往、散步，青少年的体育活动；在公共空间中人们交往、购物、散步、休闲活动等。各类户外活动场地应与居住区的步行和绿地系统紧密联系，其位置和通路应具有良好的通达性，不应成为停车场地或无人问津之地。幼儿和儿童

活动场地应接近住宅并易于监护；青少年活动场地应避免对居民正常生活的影响，但也不能偏僻，以至于只服务少数居民；老年人活动场地宜相对集中，远离车行道等（如图1-26、1-27）。

以人为本还应考虑到外部空间的空气环境、湿热环境、声环境、光环境、水环境等五大环境健康性问题。应通过景观的高低、穿插、围合、引进、剔除，以及生态技术等的运用，尽量消除或减轻五大环境的污染。如对小区汽车噪声和尾气的隔绝，以及汽车对小区住户日常出入的干扰的避免，可以通过人车分行，在车行道两旁种植绿化带；也可以将小区汽车直接停放在小区周边，使其不进入小区内部，实行小区内部步行化，辅助以自行车交通等措施解决，这些细微关怀，是我们在景观规划设计中必须要考虑周到的（如图1-28）。

图1-26　体现人与自然的质朴

图1-27　建筑与自然相融合（桂林愚自乐园）

图1-28　营造良好的外部环境（桂林愚自乐园）

七、景观规划设计的美学原则

我们追求的是把握景观的正向特征，东方文化观念中的多样性的生态美学原则和多层次的美学表达。

景观的美学评价源于人类的精神需求，一般而言，人类重要的精神需求包括兴奋、敬畏、歉疚、轻松、自由和美。有吸引力的景观性质包括：自然性、稀有性、和谐性、多色彩，空间上开启与闭合的结构联合，时间上季节与年度的变化。通常认为，景观的正向特征是：合适的空间尺度，有序而不整齐划一、多样性和变化性、清洁性、安全性、生命的活力和土地应用潜力。景观的负向特征是空间尺度的过大或过小、清洁度的丧失、杂乱无章、空间结合不协调、噪声、异味、无应用性等（如图1-29～1-32）。

景观的美学价值是一个范围广泛、内涵丰富而又难以确定的问题，可从人类行为过程模式和信息处理理论等方面进行分析，而不同民族不同文化传统对此更有深刻的影响。东方人的文化观念中有很多内涵体现出了景观生态美学原则，古人既称许"千姿百媚"又赞美"独领风骚"，这反映了人们对景观的多样性与独特性不同的认识，同样，"一览无余"与"曲径通幽"则反映了人们对景观的开阔度和纵深感的不同感觉，"万壑松声"与"画龙

图1-29　有序的稳定美

图1-30 围墙里面 有序排列

图1-31 不同形状对比

图1-32 艺术的美（桂林愚自乐园）

点睛"体现了观赏主体与环境氛围的关系；"诗情画意"、"浮想联翩"体现了观赏客体（游客）的环境感应；"万物钟灵秀"与"生生不已"则是反映了人们对生机与活力的追求。至于造型与背景的关系，形态、线条、色彩、质感等方面的内容还可以找到很多的形容与表达。中国的悠久园林美学注重野趣生机、自然韵味、情景交融、意境含蓄、以小见大、时空变换，步换景移，增加了景观容量并创造了环境氛围。景观规划设计的意境追求是我们设计的目标（如图1-33、1-34）。

图1-33 意境

图1-34 自然美

第三节 //// 实践性教学

一、任务目标

深入了解景观规划设计的基本原则。

二、实施方式

以5～10人为一个小组,自行制订计划完成。

三、具体安排

(1)各小组组织在校园或到周边景观、景区或景点参观。

(2)分别找出体现景观设计原则和违背景观设计原则的典型案例,在充分讨论后形成统一的改造方案。

(3)编写改造方案并分工完成设计淡彩手绘草图。

四、成绩评定

(1)各小组派1名代表上台汇报小组成果,另派1名代表协助利用多媒体演示相关图片资料。

(2)汇报完毕,回答其他小组成员提出的1～2个问题。

(3)根据问题回答情况进行成绩评定。

[复习参考题]

◎ 通过收集资料,了解景观规划设计的流派,并简述各流派的特点。

◎ 通过收集资料,简述景观规划设计有哪些风格?如何看待民族风格与现代风格之间的渗透与融合关系。

◎ 组织课外考察当地的新农村建设规划,并用景观规划设计的基本原则分析之。

◎ 小组讨论区域传统特色的保护与城市发展的关系。

第二章　景观规划设计的基本元素

一、本章重点》

1. 各景观规划设计元素的设计特点。
2. 如何运用各设计元素进行整体设计，营造空间构造视觉效果。

一、学习目标》

了解和掌握景观规划设计中各景观元素的分类和设计特点，明确景观元素在景观环境中的相互关系。重点掌握地形设计、植物的分类及配置方法、景观建筑、地面铺装、景观设施和景观水体等基本知识和设计原则、方法，为景观规划设计实训铺垫理论基础和技术基础。

一、建议学时》

48学时。

第二章　景观规划设计的基本元素

按照对景观规划设计的定义，景观由各种元素组合形成，构成景观的元素一般包括以下几个方面：地形、景观植物、地面铺装、景观建筑、景观设施和景观水体等，如何科学和艺术地运用景观元素，以实现其功能性、观赏性的要求，并创造一种景观文化，是景观规划设计的任务与追求。

第一节 //// 地形地貌设计

地形地貌设计是景观总体设计的主要内容，地形环境是构成景观实体的基底和依托，是丰富景观空间层次的重要手法，在规则式园林中，地形一般表现为不同标高的地坪、层次；在自然式园林中，地形的起伏，形成平原、丘陵、山峰、盆地等地貌，地形设计是对原有地形、地貌进行工程结构和艺术造型的改造设计。

一、地形地貌设计的相关概念

1.地形

地形是指地势高低起伏的变化，即地表形态。如山脉、丘陵、河流、湖泊、海滨、沼泽等都归属地形。如果以图形表示，也就是用等高线绘制出来的地形图。地形分为大地形、小地形和微地形三种。山脉、草原、河流等起伏较大的地形属于大地形；丘陵、沼泽、水池等起伏较小的地形属于小地形；微地形起伏微小，是依照天然地貌或人为造出的仿自然界中的起伏变化地势。在自然景观环境中，大地形与小地形是主要景观形态；在人造景观环境中，微地形是主要景观形态，如我们在城市景观设计中常用人工堆山理水形成微地形的变化。

2.地貌

地貌是和地形紧密联系而又有一定区别的概念，地貌是地球表面的各种面貌，地貌更关注的是地表面的特征，如喀斯特地貌、丹霞地貌、流水地貌、风蚀地貌等。景观规划设计中所指的地貌一般都统称地形地貌或直接称为地形（如图2-1）。

图2-1　桂林资源县丹霞地貌

3.地形地貌设计

利用地表高低起伏的形态进行人工的重新布局称为景观的地形设计。如：地形骨架的塑造，山水的布局，峰、峦、坡、河、湖、泉、瀑等小地形的设置，它们之间的相对位置、高低、大小、比例、尺度、外观形态、坡度的控制和高程关系等都要通过地形设计来解决。地形设计是竖向设计的一项主要内容（如图2-2）。

图2-2 不同特点的地形地貌

二、地形设计的类型及其设计要点

一般地形按照其形态特征可分为以下类型：

(1) 平坦地貌

现实环境中没有绝对的平坦，我们所说的平坦是指地形起伏坡度很缓，最为简单和安定，其坡度一般在5%以下，其地形的变化不足以引起视觉上的刺激效果。这类型的用地多为城市广场、草坪、建筑用地等（如图2-3）。

图2-3 平地的开阔景观

图2-4 保持原有地形的缓坡

图2-5 中坡地台阶及草坪

图2-6 将景观主体用于凸型地型，吸引视线，强调景观主题，营造景观氛围

景观中保持一定比例的平地是很有必要的，它可以用来接纳和疏散人群，组织活动，提供休息和游览，营造开阔景观等。

(2) 凸型地形

凸型地貌，例如山丘和缓坡，相对于平坦地貌而言，应具有动感和变化，在一定区域内形成视觉中心。根据凸型地貌的坡度大小可以分为缓坡地、中坡地、急坡地和悬崖、陡坎等。坡地的高程变化和明显的朝向使其在景观用地中具有广泛的用途和设计的灵活性，如用于种植，提供界面、视线和视点，塑造多级平台、围合空间等（如图2-4）。

缓坡地可以作为人们活动场地和种植用地，道路和建筑布局均不受其地形约束。

中坡地上，建筑群受限制，如果不设置车行，则要设计台阶或平台，以增加舒适性和平立面变化。通过对坡地的利用和改造，可营造出丰富的景观层次，将建筑、雕塑等设计于坡地高处，可突出主体，塑造庄重、威严、神圣的环境氛围（如图2-5、2-6）。

急坡地，坡度在50%～100%，多位于土石结合的山地，在景观设计中一般作种植林被，坡面的道路一般需曲折盘旋而上，建筑需要做特殊处理。

悬崖、陡坎，坡度100%，在悬崖、陡坎上进行绿化设计时，需采取挖鱼鳞坑、修树池等特殊措施来保持水土，道路及梯道布置困难，投资较大。

图2-7　凹型地形

（3）山脊地形

山脊地形是连续的线形凸起型地形，有明显的方向性和流线。

（4）凹型地形

凹型地貌和凸型地貌相反，两个凸型地貌相连接形成的低洼地形为凹型地貌。因为它具有一定的尺度闭合效应，给人的心里带来稳定、安全的感觉，所以人们聚居区和活动空间往往选择在凹型地貌中。凹型地貌周围的坡度限定了一个较为封闭的空间，低凹处能聚集视线，可精心布置景物，如水池、山石、亭子等（如图2-7）。

（5）谷地地形

谷地是一系列连续和线性的凹地地貌，其空间特性和山脊地形正好相反。

三、地形设计的意义

在景观规划设计中，我们要对整个环境进行把握，对整个地形进行改造与利用，营造出适合功能要求和氛围的环境，在此基础上，我们再作建筑、道路、植物、水体、小品等的布局。地形设计对于景观各种功能的实现与发挥起着重要的意义。

（1）地形设计构成景观骨架

地形是构成景观的基本骨架，是所有景观元素与设施的载体，它为园林中其他景观要素提供了赖以存在的基面。作为各种造园要素的依托基础，地形对其他各种造园要素的安排与设置有着较大的影响和限制。例如，地形坡面的朝向、坡度的大小往往决定了建筑选址及朝向，决定了水体的布置，决定了园林植物造景的效果。地形对园林道路的选线亦有重要影响，一般来说，在坡度较大的地形上，道路应沿着等高线布置。因此，景观规划设计的第一步往往就会涉及利用和改造地形地貌的设计问题。

（2）地形设计便于营造多种景观

有助于障景、借景、框景、夹景、抑景等多种造景艺术手法的采用，以求提高景观的艺术审美价值，满足人们亲近自然的心理要求。如用山体进行障景，用山峦来向园外借景或平地造景、挖湖堆山等（如图2-8）。

（3）地形设计可分隔限定空间

地形具有构成不同形状、不同特点景观空间的作用，可以有效地、自然地划分空间，使之形成不同功能或景色特点的区域。景观空间的形成，是由地形因素直接制约着的。利用地形划分空间应从功能、现

图2-8 堆山理水形成丰富的空间层次

状地形条件和造景等内容考虑，不仅是分隔空间的手段，而且还能获得空间大小的对比效果（如图2-9）。

图2-9 通过地形划分多重空间

（4）地形设计有利于地表的排水

地面如果一片平坦，雨后往往排水不畅，形成积水。如果采用合理的竖向设计来挖湖堆山、设计地形，可使景观地面形成多个起伏的坡面，促进排水。同时，利用地形自然排水，所形成的水面提供多种园林用途，具灌溉、抗旱、防灾作用（如图2-10）。

图2-10 地表的排水形成休闲水域空间

四、地形设计的方法

1.利用、保护为主，改造修整为辅

在景观设计时，要充分利用原有地形地貌，这既符合生态学的观点，又可节约资金。通过利用原有地形地貌，营造符合当地生态环境特色的自然景观，可减少对环境的干扰和破坏。同时地形设计应该充分考虑对自然植物群落的保护，将生态和景观绿化相结合。植物群落尽可能保留或避让或结合于人工地形中，维持原有风貌。改造后的地形地貌外观应该以自然为宜，既要进行美的提炼，又要尽量与自然山水地貌形态近似，使人们得自然之趣（如图2-11、2-12）。

2.因地制宜，适当采用人为工程

景物的安排、空间的处理、意境的表达，都力求依山就势，高低错落，疏密起伏，自由布局。但基于美学和功能方面的需要，对原有地形地貌进行适当的人工改造也是必要的，通过人工改造营造出坡陇坪谷、矶渚洲岛、溪涧池湾、山峦平台、叠嶂错层、林中空地、疏林草地等，高低虚实地围合成地形。如：

图2-11 充分利用原有地形，材料进行改造修整

图2-12 自然植物群落与人工地形相结合

为适应地形，在选择景园风景建筑的体型大小、室外茶室、餐厅、平台以及山地广场等公共建筑时都可采用以下方法："化大为小"，"改单为双"，"不过分强调自身的独立和完整而造成整体上的支离破碎"，"园林建筑应融于自然而不是建筑的堆砌"。按各类景观建筑的功能要求，契合地形地貌，开辟大小不等的台阶地坪多处，或将大体量建筑"化大为小"，分解成若干部分小间，分别布置在相近不同的标高平面上，既避免了单调的由一大体量建筑带来的

呆板和竖向工程费用的上升，更增添了高低变化、层层叠叠、有围有合错落的趣味，使工程与自然地形与景貌相互渗透，融为一体；地形设计可充分考虑对原有石材的运用，因石制宜，有利于地形设计中配合园路、墙面、围墙、踏步、挡墙等与环境地形的协调统一；地形设计须与景园建筑及平立面设计同步进行，与自然地形景观浑然一体，符合自然与生态规律，恰当采用人为工程措施，创造合理舒适的生存环境（如图2-13）。

图2-13 随地形高低变化的建筑与水景

3.强调功能性，节省经济投入

在进行地形设计和改造时必须为景观设计中的学习、交往、健身、文化娱乐、陶冶情操等功能的发挥做好铺垫，提供合理的用地环境。地形设计必须统筹兼顾，使景观中多种功能都能有适宜的地段得以充分有效的发挥和实现。在满足使用和观赏功能的前提下，应尽量减少土石方量的开挖，就低挖湖，就高堆山，减少土方的外运量，尽量做到挖、填土方量相平衡，这样既能缩短工期，还可大量节约经济成本，其得益是显而易见的。

第二节 //// 景观植物设计

景观植物设计又称景观植物造景或园林植物配置，是景观规划设计的一项重要内容，它与绿色环保、生态和谐等是紧密相关的。景观植物设计就是应用乔木、灌木、藤本及草本植物来创造绿色景观，使人置身于充满生机活力的自然之中。

植物在通常的情况下，应当成为景观的主体。城市规划中以绿地比例作为衡量城市景观绿化状况的指标，一般有：城市公共绿地指标；全部城市绿地指标；城市绿化覆盖率。正确合理地配置景观植物，搞好景观植物设计，是一项非常重要的工作。

一、景观植物的类型与特点

植物的分类体系很多，一般按生长习性和观赏特性来分有以下几种：

1.乔木

乔木树体高大，具有明显的高大主干、分枝点高、寿命长等特点。依据其体型高矮常有大乔木（20m以上）、中乔木（8～20m）和小乔木（8m以下）之分。从一年四季乔木叶片脱落状况可分为四类：

（1）常绿针叶乔木，如黑松、雪松、柳杉等。

（2）落叶针叶乔木，如金钱松、水杉、水松等。

（3）常绿阔叶乔木，如樟树、榕树、冬青等。

（4）落叶阔叶乔木，如槐树、毛白杨、七叶树等。

各种类型的乔木在自然界的分布取决于生长季节的长短和水分的供应情况。乔木的形态因土地、地形的不同而表现出极大的差异。在景观植物中，乔木以其冠大荫浓、形态优美而深受人们的喜爱。

2.灌木

灌木没有明显的主干，多呈丛生状态，或自基部分枝，通常在5m以下，有美丽芳香的花朵或色彩艳丽的果实。如月季、大叶黄杨、海桐等。这类树种繁多，观赏效果显著，在园林绿地中应用广泛，通常分为以下几种类型：

（1）观花类，如迎春、木槿、茉莉、山茶、含笑、红花继木、栀子等。

（2）观果类，如火棘、金橘、十大功劳、枸棘、南天竹等。

（3）观叶类，如大（小）叶黄杨、金叶女贞、紫叶小檗、卫矛等。

（4）观枝类，如红瑞木、连翘、棣棠等。

3.花卉

这里所指的花卉是狭义的概念，即仅指草本的观花植物，或称草本花卉。它的特征是没有主茎，或虽有主茎但不具木质或仅基部木质化。花卉按其生育期长短不同，可分为一年生、二年生和多年生几种。

（1）一年生花卉：生活期在一年以内，当年播种，当年开花、结实，当年死亡。如鸡冠花、一串红、刺茄、细叶马齿苋等。

（2）二年生花卉：生活期跨越两个年份，一般是在秋季播种，到第二年春夏开花、结实直至死亡，如七里黄、金盏菊、三色堇等。

（3）多年生花卉：生活期在两年以上，它们的共同特征是都有永久性的地下部分（地下根、地下茎），常年不死。但它们的地上部分（茎、叶）却存在着两种类型：有的地上部分能保持终年常绿，如文竹、四季海棠、虎皮掌等；有的地上部分是每年春季萌生新芽，长成植株，到冬季枯死，如芍药、大丽花、玉簪、蜀葵等。

花卉按其生物学特征，还可以有多种分类方法，如喜阳性与耐阴性花卉；耐寒性和喜温性花卉；长日照、短日照和中性花卉；水生、旱生和润土类花卉等。花卉以其艳丽丰富的色彩常成为景观绿地的重点。

4．草坪与地被植物

草坪植物主要是指园林覆盖地面的低矮禾草类植物，可用它形成较大面积的平整或稍有起伏的草地，供观赏和体育、休闲活动之用。草地可以覆盖裸露的地面，防止水土流失，保护环境和改善小气候，也是游人露天活动和休息的理想场所。地被植物一般指低矮的植物群体，有草本和蕨类植物，也包括小灌木和藤木，它能覆盖地面。

5．藤本植物

藤本植物是具有细长茎蔓的木质藤本植物。它们可以攀缘或垂挂在各种支架上，有些可以直接吸附于垂直的墙壁上，它们不占用土地面积，应用形式灵活多样，是各种棚架、凉廊、栅栏、围篱、墙面、拱门、灯柱、山石、枯树等的绿化好材料。藤本植物对提高绿化质量、丰富园林景色、美化建筑立面等方面有其独到之处。

6．水生植物

水生植物是指那些能够长期在水中、水边潮湿环境中生长的，包括完全沉浸在水里、漂浮在水面上及生长在水边的植物。它对水体具有净化作用，并使水面变得生动活泼，增强水景美感。常见的水生植物有荷花、睡莲、玉莲、菖蒲、浮萍、凤眼莲等。

二、景观植物设计的意义

1．生态功能

植物配置能够创造适合于人类生存的生态环境，随着城市化的加剧、人口密度加大、工业飞速发展，人类赖以生存的生态环境日益恶化，废水、废气、废渣、酸雨、温室效应等的发生，影响人类的生活和生存。而植物能缓解这些环境压力，具备遮阴、防风、调节温度和影响雨水的汇流等作用（如图2-14）。

图2-14　植物具备遮阴防止眩光作用及对生态环境的营造作用

2.美化功能

植物本身具有独特的姿态、色彩、风韵之美。不同的园林植物形态各异，变化万千，既可孤植以展示个体之美，又能按照一定的构图方式配置，表现植物的群体美，还可根据各自生态习性，合理安排，巧妙搭配，营造出乔、灌、草结合的群落景观。起到强调主景、框景及美化其他设计元素的作用。

植物的枝叶呈现柔和的曲线，不同植物的质地、色彩在视觉感受上有着不同差别，景观中经常用柔质的植物材料来软化生硬的几何式建筑形体，如基础栽植、墙角种植、墙壁绿化等形式。一般体型较大、立面庄严、视线开阔的建筑物附近，要选干高枝粗、树冠开展的树种；在玲珑精致的建筑物四周，要选栽一些枝态轻盈、叶小而致密的树种。现代景观园林中的雕塑、喷泉、建筑小品等也常用植物材料做装饰，或用绿篱作背景，通过色彩的对比和空间的围合来加强人们对景点的印象，产生烘托效果。景观植物设计不仅能使人从视觉上、精神上得到美的享受，更能带给人们健康、安静的生活环境（如图2-15）。

3.建筑功能

植物是景观营造中的组成部分，也像其他景观要素如建筑、山水一样，具有界定空间、遮景、提供私密性空间的作用，植物造景产生空间的开启、围合，人们的视点、视线、视境的变换，产生步移景异的空间景观变化（如图2-16）。

4.意境功能

用植物进行意境创作是中国传统园林的典型造景风格和宝贵的文化遗产。中国植物栽培历史悠久，文化灿烂，很多诗、词、歌、赋和民风民俗都留下了歌咏植物的优美篇章，并为各种植物材料赋予了人格化内容，松苍劲古雅，不畏霜雪严寒的恶劣环境，能在严寒中挺立于高山之巅；梅不畏寒冷，傲雪怒放；竹则"未曾出土先有节，纵凌云处也虚心"。三种植物都具有坚贞不屈、高风亮节的品格，所以被称作"岁寒三友"。其配置形式，意境高雅而鲜明，常被用于纪念性园林以缅怀前人的情操。兰花生于幽谷，叶姿飘逸，清香淡雅，绿叶幽茂，柔条独秀，无娇弱之态，无

图2-15 植物具备烘托建筑、雕塑的作用

图2-16　植物对空间的分隔和围合

媚俗之意，摆放室内或植于庭院一角，营造高雅意境，巧妙地运用我国文化底蕴中为各种植物材料赋予的人格化内容，从欣赏植物的形态到欣赏植物的意境，达到天人合一的理想境界（如图2-17、2-18）。

三、景观植物设计的方法

1.景观植物设计的科学性

（1）适地适树种植

所谓适地适树是指在选择具体的植物种类时，要

图2-17　植物与山石相配，能表现出地势起伏、野趣横生的自然韵味

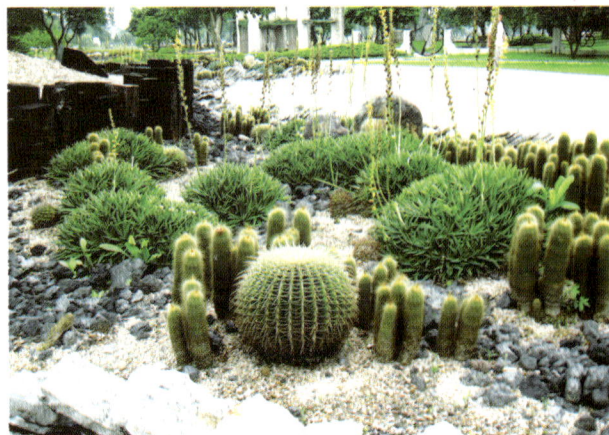

图2-18　棕榈、大王椰子、假槟榔、仙人球等营造的是一派热带风光

根据当地的土壤、地形、水系等环境条件相结合，选择与其相适应的植物群落类型。充分展现当地的地域性自然景观和人文景观特征，营造适宜的地域景观类型。

（2）配置植物要有明显的季节性

植物景观设计应充分利用植物生长和植物群落演替的规律，注重植物景观随时间、季节、年龄逐渐变化的效果，强调人工植物群落能够自然生长和自我演替，避免单调，形成春季繁花似锦、夏季绿树成荫、秋季叶色多变、冬季银装素裹，景观各异，体现大自然的生机和变化。

（3）植物设计的经济性

强调植物群落的自然适宜性，力求植物景观在养护管理上的经济性和简便性。应尽量避免养护管理费时费工、水分和肥力消耗过高、人工性过强的植物景观设计手法。

2.景观植物设计的艺术性

艺术原理的应用：

景观植物设计同样遵循绘画艺术和造景艺术中统一、调和、均衡和韵律的基本原理。

①统一的方法，也称多样统一原则。景观植物设计时，树形、色彩、线条、质地及比例都要有一定的差异变化，显示多样性，但又要使它们之间保持一定的相似，引起统一感。既生动活泼，又和谐统一。

运用重复的方法最能体现植物景观的统一感。如街道绿带中行道树绿带，用等距离配植同种、同龄乔木树种，或在乔木下配植同种、同龄花灌木，这种精确的重复最具统一感。一座城市中树种规划时，分基调树种、骨干树种和一般树种。基调树种种类少，但数量大，形成该城市的基调及特色，起到统一作用；而一般树种则种类多，每种量少，五彩缤纷，起到变化的作用（如图2-19）。

②调和的方法，即对比与调和的原则。景观植物设计时要注意植物之间的相互联系与配合，体现调和的原则，使其具有柔和、平静、舒适和愉悦的美感。找出植物间的近似性和一致性，配置在一起才能产生协调感。相反用植物间的差异和变化可产生对比效果，使其具有强烈的刺激感，形成令人兴奋、热烈和奔放的感受，因此，在景观植物设计中常用对比的手法来突出主题或引人注目（如图2-20）。

当植物与建筑物配植时，要注意体量、重量等比

图2-19 花卉植物造景统一中寻求变化

图2-20 协调与对比

例的协调。如广州中山纪念堂主建筑两旁各用一棵冠径达25m的、庞大的白兰花与之相协调；南京中山陵两侧用高大的雪松与雄伟庄严的陵墓相协调；英国勃莱汉姆公园大桥两端各用由9棵椴树和9棵欧洲七叶树组成似1棵完整大树与之相协调，高大的主建筑前用9棵大柏树紧密地丛植在一起，成为外观犹如1棵巨大的柏树与之相协调。一些粗糙质地的建筑墙面可用粗壮的紫藤等植物来美化，但对于质地细腻的瓷砖、马赛克及较精细的耐火砖墙，则应选择纤细的攀缘植物来美化。南方一些与建筑廊柱相邻的小庭院中，宜栽植竹类，竹竿与廊柱在线条上极为协调。一些小比例的岩石园及空间中的植物配植则要选用矮小植物或低矮的园艺变种。反之，庞大的立交桥附近的植物景观宜采用大片色彩鲜艳的花灌木或花卉组成大色块，方能与之在气魄上相协调。

③均衡原则，这是植物配置的一种布局方法。将体量、质地各异的植物种类按均衡的原则配制，景观就显得稳定、宁静。依据周围环境，植物在培植时有规则式均衡（对称式）和自然式均衡（不对称）两种。

植物的规则式均衡常用于规则式建筑及庄严的陵园或雄伟的皇家园林景观中，显得庄重、严肃、正式。如门前两旁配植对称的两株桂花；楼前配植等距离、左右对称的南洋杉、龙爪槐等；陵墓前、主路两侧配植对称的松或柏等。

植物的自然式均衡常用于花园、公园、植物园、风景名胜区等较自然的景观环境中，活跃中不失稳重，这种非对称式均衡既可是植物之间的均衡，也可以是植物与周边其他景物的均衡。例如一条蜿蜒曲折的园路两旁，在路的右边若种植一棵高大的雪松，则邻近的左侧须植以数量较多、单株体量较小、成丛的花灌木，以求均衡（如图2-21、2-22）。

图2-21 规则式均衡

图2-22 自然式均衡

④节奏和韵律的原则。节奏产生于人本身的生理活动，如心跳、呼吸、步行等，在植物和建筑中，节奏就是景物简单的反复连续出现，通过时间的运动而产生美感，如大小相似的行道树、整形修剪的树木等；而韵律则是节奏的深化，是有规律但又自由地抑扬起伏变化，从而产生富于感情色彩的律动感，如自

然山峰的起伏线，人工植物群落的林冠线等。在景观设计中，可由点、线、面、体、色彩、质感等许多要素形成一个共同的韵律。利用韵律手法易于理解作品，通过韵律的使用，使作品的诸要素得到调和，使其表现出一定的情趣和速度，赋予作品以生气活泼感，使作品产生回味。

四、景观植物配置的方式

自然式的树木配置方法，多选树形或树体部分美观或奇特的品种，以不规则的株行距配置成各种形式。

1.孤植

孤植就是单株树孤立种植，也有些如南方自然生长的丛生竹，形成一个单元，效果如同一株丛生树干，也为孤植。孤植树在园林中，一是作为园林中独立的庇荫树，也作观赏用。二是单纯为了构图艺术上需要，主要显示树木的个体美，常作为园林空间的主景。常用于大片草坪上、花坛中心、小庭院的一角与山石相互成景之处（如图2-23）。

图2-23 孤植的树木与建筑相互呼应；在一片小树中间孤植的大树形成焦点

2.对植

对植是指用两株或两丛相同或相似的树对应地种植在构图轴线两侧。对应关系可以是对称的，也可以是非对称的。

对称栽植，在规则式的构图中，如对称式的大门前、庭院正房两侧等处，两株树应该体量、高矮、繁茂程度相当，达到均衡的效果。

非对称栽植，在非对称式建筑两侧，或一组山石两侧，选择同一树种的两株树。应该选择体型大小、

树姿有所差异的树种，相对而立，又可彼此呼应，顾盼有情，求得动势相同的效果（如图2-24）。

3.列植

列植指植物按一定的株行距成行栽种，具有规则统一、气势宏大的特点。这种种植方式常用于道路两旁做行道树，常用冬青、黄杨、女贞、黄素梅等以绿篱、绿墙的形式栽植。列植因为一线栽植，具有施工、养护、管理方便的优点（如图2-25）。

图2-24 建筑及景观入口植物的对植

图2-26 植物的丛植

图2-25 道路两旁沿直线列植的行道树

4.丛植

一个树丛由三五株同种或异种树木至八九株树木不等距地种植在一起成一整体，是园林中普遍应用的方式，可用作主景或配景，用作背景或隔离措施。配置宜自然，符合艺术构图规律，力求既能表现植物的群体美，也能表现树种的个体美（如图2-26）。

5.群植

一两种乔木为主体，与数种乔木和灌木搭配，组成较大面积的树木群体。树木的数量较多，以表现群体为主，具有"成林"（如图2-27）。

6.模纹

利用矮生灌木或草本植物，按照一定的图式纹样，组成相应的图案为植物模纹设计。

常用于城市花园、立交桥下绿化等。具有一定主题与寓意的模纹设计不仅能展现优美的艺术形象，同时能营造景观主题、传达设计思想，我国常用一些传统吉祥图样来形成模纹配置，传达美好寓意（如图2-28）。

模纹配置在景观规划设计中的主要形式有：

行植：在规则式道路、广场上或围墙边沿，呈单行或多行的，株距与行距相等的种植方法，叫做行植。

正方形栽植：按方格网在交叉点种植树木，株行距相等。

三角形种植：株行距按等边或等腰三角形排列。

长方形栽植：正方形栽植的一种变形，其特点为行距大于株距。

环植：按一定株距把树木栽为圆环的一种方式，可有1个圆环、半个圆环或多重圆环。

带状种植：用多行树木种植成带状，构成防护林带。一般采用大乔木与中、小乔木和灌木作带状配置。

图2-27 多种植物形成群植形式

7.绿造型

以植物为素材，通过精致的修剪形成特定的造型。是人们认识自然、改造自然的集中体现。绿造型应用类似于雕塑，但又有别于雕塑，绿造型拥有别致的风味和雅趣，具有很高的观赏价值。修剪为绿造型的植物必须枝叶紧缩、繁密，耐修剪，枝叶再生能力强。通常以四季常青且耐修剪的松柏树木、小叶女贞、大叶黄杨、龙柏等为材料，当然，各种观赏花木的根、干、枝、叶、花、果、藤、须均可作造型素材，按照塑造物的大小、形状，有计划地组合在一起（如图2-29）。

图2-28　多种形式组合的模纹效果

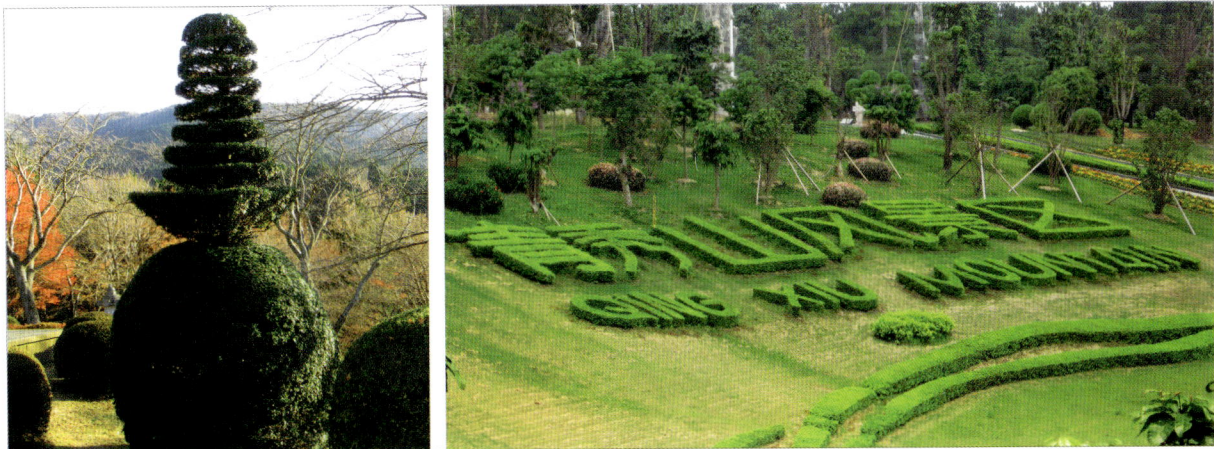

图2-29　绿造型

第三节 ///// 景观地面铺装设计

景观地面铺装是指用各种材料进行的地面铺砌装饰，包括园路、广场、活动场地、建筑地坪等。英国著名的造园家Nigel Colborn认为："景观地面铺装是整个设计成败的关键，不容忽视，应充分加以利用。"日本的景观师都田彻则进一步指出："地面在一个城市中可以成为国家文化的特殊象征符号。"由此可见，铺地景观的设计在营造空间的整体形象上具有极为重要的影响。

一、地面铺装设计类型特点与功能

在景观中，地面铺装所指的范围较大，常见的包括景区内道路、广场、休息活动场所、草坪等。因此在进行地面铺装设计之前，有必要了解一下各类铺装的特点。

1.地面铺装设计类型及其特点

按材料的质地来分，景观地面铺装的类型可以分为硬质铺装和软质铺装两种。

（1）硬质铺装主要是以石材、砖、砾石、卵石木材等为材料进行的地面景观设计。硬质铺装一般来说主要采用以下三类材料：

①碎料，如砾石、卵石、碎瓷砖等，这些材料具有良好的透水性，无论是从经济上还是从生态上都是一种比较合适的铺地材料。适合于广场、居住区等具有自然生态意义的景观步行小路，其特点是能形成自然朴素的效果，给人悠闲自在的情趣（如图2-30、2-31）。

②块料，如混凝土砖、大理石、花岗岩、条石、透水砖等铺装材料常用于比较正式的大型公共场合，如大型广场、停车场、公共建筑大门以及城市广场、园林景点等休闲公共空间以及步行道路等，其特点是铺装材料的形状、色彩、质地都非常丰富，充满时代的气息（如图2-32～2-34）。

③木质材料，木质铺装最大的优点就是给人以柔和、亲切的感觉，所以常用木块或栈板代替砖、石铺装。尤其是在休息区内放置桌椅的地方，与坚硬冰冷的石质材料相比，它的优势更加明显。其特点是具有很强的亲和力而且没有辐射，自然、环保，施工方便（如图2-35）。

图2-30　卵石铺成的景区小路，质朴宜人

图2-33　规则的块状铺装

图2-31

图2-34　块料铺装

图2-32　用透水砖铺装的停车场

图2-35

（2）软质铺装

草坪与灌木是最常见的两种软质铺装形式，其特点是虽然简单，却可创造出充满魅力的效果，通过它可以强化景观的统一性（如图2-36）。

图2-37　一片开阔的草坪与周边植物错落有致

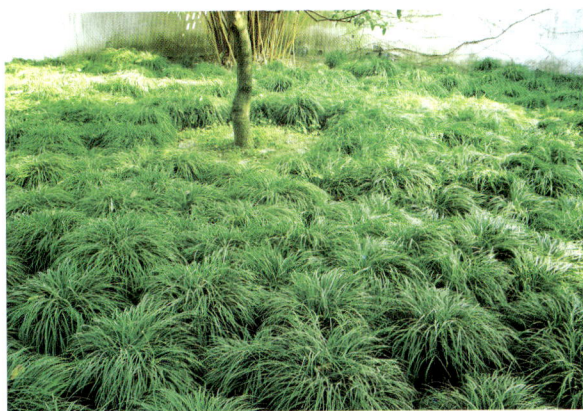

图2-36　大片的灌木丛铺装

①草坪。草坪是最常见的软铺装，主要用于地面覆盖，是为了创造绿毯般的富有自然气息的游憩、活动与运动健身空间。草坪最适用的应用环境是较大面积的集中绿地，尤其是自然式的草坪绿地景观，面积不宜过少，因为就空间特性而言，草坪是具有开阔明朗特性的空间景观，同时又可以与周边或其上的观赏树木、园林植物景观形成空间层次感（如图2-37）。

观赏草坪则要求草坪植株低矮，叶片细小美观，叶色翠绿且绿叶期长，如天鹅绒、早熟禾、马尼拉等（如图2-38）。

②灌木。在小型游园或者小区的集中绿地中利用花灌木可以很好地分割空间，或开阔，或封闭、半封闭，满足各类人群对游憩、私聊、晨练等不同的需求，其特点是能使空间达到明快、清净、幽雅、清秀等景观效果（如图2-39～2-41）。

图2-38　草坪铺装

图2-39　开阔或半封闭空间

2.地面铺装功能

地面铺装与其他园林设计要素一样，具有许多实用功能和美学功能。有些功能是单独出现，而许多可通过与其他设计要素配合使用而体现出来。在景观设计中，铺装既要满足实用功能又要达到美学的需要。在铺装材料选取上要根据不同材料的类型和特点、色彩、质地以及铺设形式等多方面考虑，为景观空间创造所需要的情感和个性。但是，无论使用何种铺装材料，都必须将其与环境中其他设计要素相配合，使之相互辉映，浑然一体。

（1）统一协调功能

铺装地面有统一协调设计的作用。在城市环境中，铺装地面这一功能最为突出，它能将复杂的建筑群和相关联的室外空间从视觉上予以统一起来。当建筑物或其周围环境的色彩和地面铺装的颜色相同或相近时，给人以整体统一、协调的视觉效果。在景观中铺装能够统一和连接各因素，当单独的元素缺少联系时，独特的铺装能够起到统一协调功能（如图2-42、2-43）。

（2）导向功能

地面被铺成带状或某种线型时，它便能指明前进的方向。在草坪上一条带状铺装会指示人们在两点之间如何行走，向哪边走。在设计中应能预见到人们有可能抄近道的路段并采取相应的措施，以便能消除穿越草坪的可能性。这样行走路线被铺成带状时才能发挥作用（如图2-44）。

（3）提供休息的场所

在城市环境中园林、广场铺装随处可见，由于面积相对较大，并且无方向性，它本身暗示着一个静态停滞感，常适用于园林、广场中的停滞点和休息地或用于景观中的休闲空间。设计合理会成为人们停留、交谈的活动场所（如图2-45）。

（4）表示地面的用途和影响行走的速度和节奏

图2-40　灌木对空间进行分割增强空间层次感

图2-41　满足各类人群对游憩、私聊的空间

图2-42　地面铺装色调与周围建筑色调协调统一

图2-43　草地铺装色调与周围环境融为一体

图2-44　一条小路

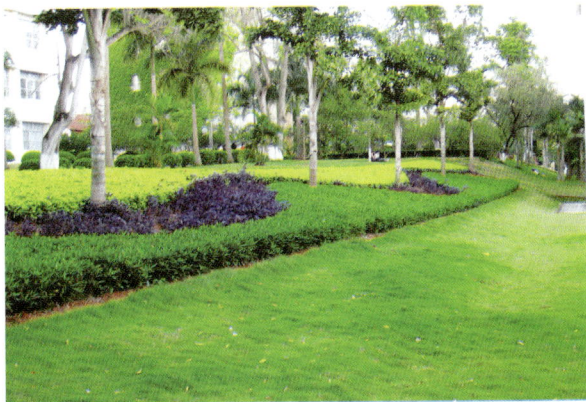
图2-45　休息草坪

铺装材料在不同空间中的变化，还可表示出不同的地面用途和功能。卵石、碎石路面和木质铺装路面表明是人行走或休息的地方，而混凝土砖块和花岗石铺装则表示车行道（如图2-46、2-47）。

铺装的不同形式、材质的不同还能影响行走的速度和节奏。铺装路面越宽，人们行走运动的速度也就会越缓慢，而当铺装路面较窄时，行人便会急促而快速地行走。在设计人行道路时，路面和砖的大小之间的间距被设计成时宽时窄，使行人的步伐时快时慢，形成紧张、松弛的节奏（如图2-48）。

（5）构成空间个性

铺装材料的材质、图案、造型都对所处空间产生重大的影响，能够形成不同的个性空间。如细腻感、粗犷感、宁静感、乡村感、喧闹感等。青石板会给人以宁静轻松的气氛。大理石给人以庄严、稳重的感觉。木质铺装会给人以回归自然、温暖亲切的感觉（如图2-49、2-50）。

图2-46　休闲步道

图2-47 大块地面铺装的景区门前交通道路

图2-48 休闲步道

图2-49 给人以回归自然、温暖亲切感觉的木质铺装

图2-50 给人以宁静轻松气氛的青石板铺装

（6） 创造视觉趣味

当人们穿行于一个空间时，行人的注意力很自然地会看向地面，铺装的这种视觉特性对于设计的趣味性起着重要的作用。独特的铺装图案不仅能提供观赏价值，还可调节行人的心情（如图2-51、2-52）。

二、景观地面铺装设计方法与技巧

景观铺装设计在营造空间的整体形象上具有极为重要的影响。在进行景观地面铺装时，应该掌握一些必要的方法与技巧，既富于艺术性，又满足生态要求，同时更加人性化，给人以美好的感受，以达到最佳的效果。

1.艺术表现

景观地面铺装表现的形式多样，但主要通过色彩、图案纹样、质感和尺度四个要素的组合产生变化。

（1）色彩

在景观地面铺装设计中，色彩最引人注目，给人的感受也最为深刻。色彩的作用多种多样，色彩给予环境以性格：冷色创造了一个宁静的环境，暖色则给人一个喧闹的环境。色彩有一种特殊的心理联想，久而久之，则几乎固定了色彩的专有表达方式，逐渐建

图2-51 以古代铜钱为内容的地面铺装（苏州拙政园）

图2-52 以水生动物为主题的地面铺装（桂林榕湖）

立了色彩的各自象征。因此了解色彩构成的知识有助于创造出符合人们心理的、在情调上有特色的地面铺装。

景观地面铺装一般作为空间的背景，除特殊的情况外，很少成为主景，所以其色彩常以中性色为基调，尽量与周围的环境相协调，注意色彩的色相、纯度和明度相互对比协调的作用，做到稳定而不沉闷，鲜艳而不俗气（如图2-53）。

图2-53 鲜艳的色彩组合与广场喧闹的环境氛围相协调

图2-54 鲜明色彩的儿童活动区

图2-55 休闲步道(桂林两江四湖)

色彩具有鲜明的个性,暖色调热烈、兴奋,冷色调冷静、明快;明朗的色调使人轻松愉快,如儿童游戏场应铺装得色彩鲜艳(如图2-54)。

灰暗的色调景观地面铺装则更为环境空间营造沉稳、幽雅、宁静的氛围(如图2-55、2-56)。

(2)图案纹样

景观地面铺装以它多种多样的形态、纹样来衬托和美化环境,增加景观的特色。纹样起着装饰路面的作用,铺地纹样通常会用到平面的点、线、面构成原理来根据场所的不同而变化,以达到表现各种纹样效果(如图2-57~2-59)。

一些用块料铺成直线或平行线的路面,可达到增强地面设计的效果。通常,与视线相垂直的直线可以增强空间的方向感,而那些横向通过视线的直线则会增强空间的开阔感,另外,一些呈一条直线铺装的地砖或瓷砖,会使地面产生伸长或缩短的透视效果,其他一些形式会产生更强烈的静态感(如图2-60)。

(3)质感

质感是由于感触到素材的结构而有的材质感。铺装的美,在很大程度上要依靠材料质感的美。材料质感的组合在实际运用中表现为三种方式:

①同一质感的组合可以采用对缝、拼角、压线手法,通过肌理的横直、纹理设置、纹理的走向、肌理的微差、凹凸变化来实现组合构成关系(如图2-61)。

②相似质感材料的组合在环境效果上起到中介和过渡作用。如地面上用地被植物、石子、沙子、混凝土铺装时,使用同一材料比使用多种材料容易达到整洁和统一,在质感上也容易调和。而混凝土与大理石、鹅卵石等组成大块整齐的地纹,由于质感纹样的相似统一,易形成调和的美感(如图2-62)。

图2-56 休闲区（杭州西湖边）

图2-57 由点构成的图案纹样能使地面充满趣味性

图2-58 点、线、面的综合构成的图案纹样能增强视觉冲击力

图2-59 线与面构成的图案纹样能使环境充满现代感

图2-61 肌理效果很强的愚自乐园休闲区铺装（桂林）

图2-60 使地面产生伸长的透视效果的广场地面铺装（南宁五象广场休闲区）

图2-62 榕湖景区休闲步道（桂林）

③对比质感的组合，会得到不同的空间效果，也是提高质感美的有效方法。利用不同质感的材料组合，其产生的对比效果会使铺装显得生动活泼，尤其是自然材料与人工材料的搭配，能使人造景观体现出自然的氛围（如图2-63）。

在进行铺装时，要考虑空间的大小，大空间要粗犷些，可选用质地粗大、厚实、线条明显的材料。因为粗糙，往往使人感到稳重、沉着，另外，粗糙可吸收光线，不晕眼。而在小空间则应选择较细小、圆滑、精细的材料，细质感给人轻巧、精致的柔和感觉。所以大面积的铺装可选用粗质感的材料，局部、重点处可选用细质感的材料（如图2-64、2-65）。

（4）尺度

铺装图案的大小对外部空间能产生一定的影响，形体较大、较开展则会使空间产生一种宽敞的尺度感，而较小、紧缩的形状，则使空间具有压缩感和亲密感。由于图案尺寸的大小不同以及采用了与周围不

图2-64　桂林中心广场

图2-65　四湖景区（杭州）

同色彩、质感的材料，还能影响空间的比例关系，可构造出与环境相协调的布局来。铺装材料的尺寸也影响其使用，通常大尺寸的花岗岩、抛光砖等板材适宜大空间，而中、小尺寸的地砖和小尺寸的马赛克、卵石等，更适用于一些中、小型空间（如图2-66、2-67）。

但就形式意义而言，尺寸的大与小在美感上并没有多大的区别，并非愈大愈好，有时小尺寸材料铺装形成的肌理效果或拼缝图案往往能产生更多的形式

图2-63　榕湖景区休闲步道（桂林）

图2-66 使用小尺寸的马赛克铺装的小型水池（桂林愚自乐园）

图2-67 大尺寸的花岗岩、抛光砖等板材铺装步行街（桂林）

图2-68 愚自乐园（桂林）

趣味，或者利用小尺寸的铺装材料组合成大图案，也可与大空间取得比例上的协调，产生优美的肌理效果（如图2-68）。

2.铺装材料的选择方法与技巧

铺装材料的选择是景观规划设计的一个重要环节，铺装材料既要符合生态性的要求，同时又要达到美观、实用的效果，需掌握三个技巧。

（1）铺装材料的选择要注重生态性

大面积的地面铺装会带来地表温度的升高，造成土壤排水、通风不良，对花草树木的生长也不利。而且还导致一个重大缺陷就是人为地割裂了生态的竖向循环，比如雨水的循环，蚯蚓、地鼠等小生物的正常生活等。因此设计师除采用嵌草铺地外，还要注意多应用透水、透气的环保铺地材料。如生态透水砖是一种生态型的新型铺地产品，采用矿渣料、陶瓷料、玻璃料等多种再生原料，经特殊工艺预制而成的再利用完全环保型产品。另外在实践铺装景观设计的过程中应当注意适当留缝、铺沙或镶嵌绿草等融合进自然元素，进行透水透气性路面铺装，使城市土壤与大气的水、气、热交换，体系得到改善（如图2-69）。

（2）铺装材料选择要注重装饰性和实用性

中国自古对园路铺装就很讲究，《园冶》中"花环窄路偏宜石，堂回空庭须用砖"说的就是这个意思。景观地面铺装中有许多经典的铺装案例可供借鉴，如用碎瓷砖拼砌铺地，用混凝土砖石与卵石相间铺地，用透水砖铺地以及用各种条纹的混凝土砖铺地等，在阳光的照射下，能产生很好的光影效果，不仅具有很好的装饰性，还减少了路面的反光强度，提高了路面的抗滑性能，达到人性化和美学等方面的要求（如图2-70、2-71）。

图2-69

图2-70　用透水砖铺装效果（南宁荣和山水美地）

图2-71　砖石与卵石相间铺地既能增强地面的防滑性又有很强的装饰效果（桂林榕湖景区）

（3）铺装材料选择要注重意境、氛围的营造

中国园林景观的创作追求诗情画意的境界，当客观的自然境域与人的主观情意相互激发、相互交融，达到情与景的统一时产生出景观意境。意境寄于物而又超于物之外，给感受者以余味或遐想。铺装要发挥艺术的想象力，正确选择铺装材料，通过联想的方式来表达园林景观的意境和主题，烘托景区气氛。传统园林景观地面铺装多利用砖瓦、石片、卵石和各种碎瓷片、碎陶片等材料，不可否认，传统园林景观整体空间的自然协调感在一定程度上得益于自然铺地材料的应用（如图2-72）。

图2-72 利用自然碎石片和卵石综合铺装的地面

第四节 //// 景观建筑

景观建筑是一个十分丰富的设计元素，最常见的就有亭、门廊墙、桥、榭、舫 楼、阁、厅、堂、轩等，景观建筑与一般建筑相比，更注重其观赏价值，在空间感是呈现多样化，更强调与环境的相互渗透、互相融合，并通过这种渗透和融合创造出更富有内涵的艺术空间和人文意境。

一、亭

亭的历史十分悠久，无论是将亭子筑于幽径之旁、悬崖之边、深潭之上、名山之顶、浩海之滨或花园之中，都会使浏览者产生情满山亭、意流云海之感，意会到亭子那种兼容并蓄、博大宏深的气势以及那种人与亭的共鸣点。

1.亭的类型

《园冶》中说，亭"造式无定，自三角、四角、五角、梅花、六角、横圭、八角到十字，随意合宜则制，惟地图可略式也"。亭的类型主要从它的平面组合、平面形状、屋顶形状以及建造材料来划分，通常中国景观规划设计中亭的类型有圆亭、蘑菇亭、方亭、五角亭、六角亭、八角亭等（如图2-73）。

2.亭子的特点与功能

（1）亭子的特点是周围开敞，可接纳四面来风，故也有凉亭之称。亭子在造型上相对小而集中，因此，亭常与山、水、绿化等组合成景，并作为园林中"点景"的一种手段。亭常设在园林或名胜中，是一种艺术性很高的建筑物（如图2-74）。

（2）亭子的功能作用是为游客提供眺览、休息、遮阳、避雨、赏景等。而且亭子具有丰富变化的屋顶形象，轻巧、空透的柱身，以及随意布局的基座，因而各式各样的亭悠然伫立，为自然风景添色、为景观添彩，起到其他景观建筑无法替代的作用（如图2-75）。

3.亭子的布局方法与技巧

亭子在我国园林中是运用得最多的一种建筑形式，无论是在传统的古典园林中，还是在现代的公园和风景游览区都能看到有各种各样的亭子，有的伫立于山冈之上，有的依附在建筑之旁，有的漂浮在水池之畔，与园林中的其他建筑、山水、绿化等相结合，构成一幅幅生动的画面。园中放亭，关键在位置。亭

图2-73　1.传统圆亭；2.蘑菇亭；3.现代方亭；4.传统八角亭；5.传统方亭；6.传统六角亭

图2-75

图2-74

子位置的选择，一方面是为了观景，即供游人驻足休憩、眺望景色；另一方面是为了点景，即点缀风景。花间、水际、竹里、山巅……都可根据不同情趣的景致置亭。

（1）高处筑亭

高处筑亭，既是仰观的重要景点，又可供游人登亭统览全景，大有一览无余的感觉（如图2-76）。

（2）平地筑亭

在道路的交叉口口上、路中、路旁的林荫之间平坦的花围、草地上等建亭，可作为一种标志和点缀，另外还可在位于厅、堂、室与建筑之间筑亭，可供户外活动之用（如图2-77）。

（3）临水处筑亭

临水处筑亭则取得倒影成趣，供游人观赏水中景物，并享受来自水面清新的凉风（如图2-78）。

（4）林木深处筑亭

林木深处筑亭，使亭子在林中半隐半露，既含蓄而又平添情趣（如图2-79）。

二、廊

1.廊的含义与功能特点

廊泛指连接房屋墙体以外、有围护结构和台面，作为通道的景观建筑物。在景观设计中廊一般是指有顶的过道，在两个建筑物或者两个景点之间为游人提供挡风、遮阳、挡雨、游览、休息、赏景的长形建筑。廊在两个建筑物或者两个景点之间被用来作为连接与划分空间或景区的手段，表现出特有的丰富，起到变换空间层次或过渡园林空间的作用，使人在一种轻松、休闲的环境中，品味美景、放松心情（如图2-80）。

2.廊的类型

在园林景观中的廊按照其结构大致可分为：双面

图2-76 造型独特的亭子既可供游人浏览全景又增添了趣味性

图2-77

图2-78

图2-79

图2-80

空廊、单面空廊、复廊、双层廊和单支柱廊五种。按照造型以及所在的环境可分为直廊、曲廊、回廊、水廊、桥廊等。

（1）双面空廊

两侧均为列柱，没有实墙，在廊中可以观赏两面景色。双面空廊也分直廊、曲廊、回廊、抄手廊等，不论在风景层次深远的大空间中，或在曲折灵巧的小空间中都可运用（如图2-81）。

（2）单面空廊

单面空廊有两种：一种是在双面空廊的一侧列柱间砌上实墙或半实墙而成的；一种是一侧完全贴在墙或建筑物边沿上。单面空廊的廊顶有时做成单坡形，以利排水（如图2-82）。

（3）复廊

复廊是在双面空廊的中间隔一道墙，形成两侧单面空廊的形式，又称"里外廊"。因为廊内分成两条走道，所以廊的跨度大些。中间墙上多开有各种式样的漏窗，从廊的一边透过漏窗可以看到廊的另一边景色。复廊一般安排在廊的两边都有景物可赏，而两边景物的特征又各不相同的园林景观空间中，用来划分和联系景区。此外，通过墙的划分和廊的曲折变化来延长景观线的长度，增加游廊观赏中的兴趣（如图2-83）。

（4）双层廊

双层廊指上下两层的廊，又称"楼廊"。它为游人提供了在上下两层不同高程的廊中观赏景色的条件，也便于联系不同标高的建筑物或风景点以组织人流，可以丰富园林建筑的空间构图（如图2-84）。

（5）单支柱廊

在景观园林中有些尺度较大的廊，平面形状通常为直线形、半圆形等，其建筑形式采用单柱支撑起来的，称为单支柱廊。在现代园林景观建筑中，单支柱廊的运用十分自由、灵活，柱子跨度较大，造型依环境而变化，多采用平屋顶形式，以钢、混凝土、塑料板等现代建筑材料构筑（如图2-85）。

图2-81 苏州拙政园双面曲廊

图2-82 半实墙的单面空廊

图2-83

图2-84

图2-85

三、花架

1.花架的定义与功能

花架是指供植物花卉生长攀缘的棚架。在景观环境中，花架不仅以其自身的造型和攀附其上的植物成为特殊的经典，而且在造园设计中往往具有亭、廊的作用，常利用其所处位置来划分组织空间，引导游览路线。花架设计要了解所配置植物的原产地和生长习性，以创造适宜植物生长的条件和造型的要求（如图2-86）。

2.花架的类型与特点

（1）廊式花架

最常见的类型，片版支承于左右梁柱上，常作为景点或建筑空间联系的桥梁，可供游人休息（如图2-87）。

（2）片式花架

片版嵌固于单向梁柱上，两边或一面悬挑，形体轻盈活泼，游人可入内休息（如图2-88）。

（3）独立式花架

一般以坚硬轻型的材料作空格，制成墙垣、花瓶、伞亭等形状，用藤本植物缠绕成型，供观赏用，具有很高的装饰价值（如图2-89）。

3.花架的设置方法与技巧

花架可应用于各种类型的园林绿地中，常设置在风景优美的地方供休息和点景，也可以和亭、廊、水榭等结合，组成外形美观的园林建筑群；在居住区绿地、儿童游戏场中花架可供休息、遮阴、纳凉；用花架代替廊子，可以联系空间；用格子垣攀缘藤本植物，可分隔景物；园林中的茶室、冷饮部、餐厅等，也可以用花架作凉棚，设置坐席；也可用花架作园林的大门。

图2-86　桂林愚自乐园的花架

图2-87　桂林愚自乐园廊式花架

图2-88 小区休闲花架

图2-89 实用功能与装饰功能于一体的伞形独立式花架

四、水榭

1.水榭的含义与功能

水榭是指供游人休息、观赏风景的临水景观建筑。适合建于水滨供游玩或休息的建筑物：步入水榭，湖色尽入眼帘，清新空气扑面而来，很是惬意（如图2-90）。

2.水榭的类型与特点

中国园林中水榭的典型类型是在水边架起平台，平台一部分架在岸上，一部分伸入水中。平台跨水部

分以梁、柱凌空架设于水面之上。建筑的面水一侧是主要观景方向，开敞通透。既可在室内观景，也可到平台上游憩眺望。屋顶一般为造型优美的卷棚歇山式。建筑立面多为水平线条，以与水平面景色相协调（如图2-91）。

图2-90 桂林榕湖（水榭的设置为人们提供了更多的亲水空间）

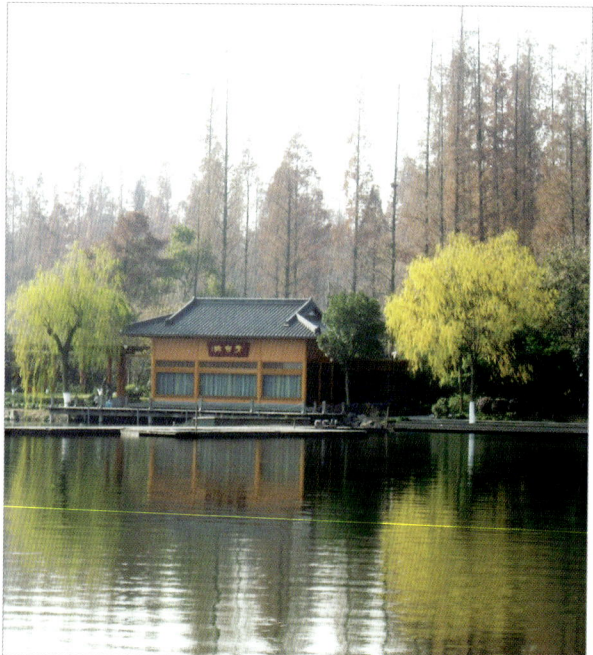

图2-91 杭州西湖景区的水榭和周围的景物与水面的倒影相互衬托，使其形成整体画面，达到迷人的景观效果

五、桥

桥是一种架空的人造通道，中国山川众多、江河纵横，是个桥梁大国，在古代无论是建桥技术，还是桥梁数量，都处于世界领先地位。

1.桥的含义与功能

园林景观中的桥，可以联系风景点的水陆交通，组织游览线路，变换观赏视线，点缀水景，增加水面层次，兼有交通和艺术欣赏的双重作用。景观中的桥，除了其实用的交通功能外，往往更注重其艺术价值（如图2-92）。

2.桥的类型与特点

（1）平桥

外形简单，有直线形和曲折形，结构有梁式和板式。板式桥适于较小的跨度，如北京颐和园谐趣园瞩新楼前跨小溪的石板桥，简朴雅致。跨度较大的就需设置桥墩或柱，上安木梁或石梁，梁上铺桥面板。曲折形的平桥，是中国园林景观中所特有，不论三折、五折、七折、九折，通称"九曲桥"。其作用不在于便利交通，而是要延长游览行程和时间，以扩大空间感，在曲折中变换游览者的视线方向，做到"步移景异"（如图2-93）。

（2）拱桥

造型优美，曲线圆润，富有动态感。单拱的如桂林榕湖的拱桥，拱券呈抛物线形，桥身用汉白玉，桥形如垂虹卧波（如图2-94）。

（3）亭桥、廊桥

加建亭廊的桥，称为亭桥或廊桥，可供游人遮阳避雨，又增加桥的形体变化。杭州西湖亭桥，在曲桥中段转角处设四角亭，巧妙地利用转角空间，给游人以小憩之处，亭桥与周围的景色相互衬托，把西湖的美景发挥到了极致（如图2-95、2-96）。

图2-92 充满现代感且艺术观赏价值突出的桂林榕湖玻璃廊桥夜景效果

图2-93 桂林榕湖曲桥

图2-94 桂林榕湖拱桥

图2-95 杭州西湖亭桥

图2-96 杭州西湖亭桥

3.桥的布局方法与技巧

在自然山水园林景观中，桥的布置同园林的总体布局、道路系统、水体面积占全园面积的比例、水面的分隔或聚合等密切相关。园桥的位置和体型要和景观相协调。大水面架桥又位于主要建筑附近的，宜宏伟壮丽，重视其体型和简化细部；小水面架桥，则宜轻盈质朴，重视桥的体型和细部的表现。水面宽广或水势湍急者，桥宜较高并加栏杆；水面狭窄或水流平缓者，桥宜低并可不设栏杆。水陆高差相近处，平桥贴水，过桥有凌波信步亲切之感，水体清澈明净，桥

的轮廓需考虑倒影；地形平坦，桥的轮廓宜有起伏，以增加景观的变化（如图2-97、2-98）。

六、景观围墙

1.景观围墙的含义

景观围墙是园林景观区和空间域进行分隔的围墙，既可以划分景区，又兼有造景的作用。在园林景观布局和空间处理中，景观围墙能构成灵活多变的空间关系，能化大为小，能构成园中之园，也能以几个小园组合成大园，这也是"小中见大"的巧妙手法之一。

2.景观围墙的类型与特点

园林景观墙常用的有竹木景观墙、砖石景观墙、植物景观墙等。

（1）竹木景观围墙

竹木篱笆是常见的景观围墙。其特点是美观、通透、经济实惠，但是不耐用，易受到各种腐蚀（如图2-99）。

（2）砖石景观墙

是指用各种瓷砖、水泥砖、环保砖、石块等材料制作的景观围墙，有些中间开有各式漏花窗。这种墙的特点是美观大方、经济耐用，容易施工，安全性较强（如图2-100）。

（3）植物景观围墙

植物景观围墙是用竹子、灌木等比较浓茂的植物有序的排列进行空间分割的景观围墙。其特点是美观、经济耐用而且私密性强（如图2-101）。

3.景观围墙的设置方法与技巧

随着人们的物质文化生活水平的提高，"破墙透绿"景观围墙的案例在当今的园林景观规划设计中是最常见的，这也是一种景观围墙的发展趋势。因此在设计景观围墙时，我们应注意以下几点：

图2-97　桂林榕湖

图2-98　桂林榕湖

图2-99

图2-100　桂林愚自乐园景观墙

图2-101　桂林榕湖景区

　　（1）让人们尽量亲近自然，接近绿化、感受自然。

　　（2）尽量利用空间办法、自然的材料达到隔离目的，例如，高差的地面、水体的两侧、绿篱树丛等都可以达到隔而不分的目的。

　　（3）要设置景观围墙的地方，能低的尽量低，能透的尽量透，以便能让人们观赏到尽可能多的景色，只有少量需要遮掩的隐私处才用封闭的围墙。

　　（4）尽量提高景观围墙的观赏价值，使之成为一个景点，把空间分隔与景色互相渗透联系在一起。

七、膜结构

随着技术的进步，在景观设计中也往往采用膜结构作为景观建筑，使景观更具时尚感。

1.膜结构的含义与特点

膜结构是用高强度柔性薄膜材料经受其他材料的拉压作用而形成的稳定曲面，能承受一定外荷载的空间结构形式。其特点是：造型自由、轻巧、柔美、充满力量感、阻燃、制作简易、安装快捷、节能、使用安全。

2.膜结构类型

膜结构在景观建筑设计中常见的类型有两种：骨架式膜结构，张拉式索膜结构。

（1）骨架式膜结构（Frame Supported Structure）

以钢或是集成材构成的屋顶骨架，在其上方张拉膜材的构造形式，下部支撑结构安定性高。因屋顶造型比较单纯，开口部不易受限制，且经济效益高等特点，广泛适用于任何大、小规模的空间（如图2-102）。

（2）张拉式索膜结构（Tension Suspension Structure）

以膜材、钢索及支柱构成，利用钢索与支柱在膜材中导入张力以达安定的形式。除了可实践具创意、创新且美观的造型外，也是最能展现膜结构精神的构造形式。近年来，大型跨距空间也多采用以钢索与压缩材构成钢索网来支撑上部膜材的形式。其多变的支撑结构和柔性膜材使景观建筑物造型更加多样化，新颖美观，同时体现结构之美和力量之美，而与周围的空间环境相互衬托形成了层次丰富空间效果（如图2-103）。

3.膜结构的功能

膜结构是建筑结构中最新发展起来的一种形式，它以性能优良的织物为材料，造型优美实用，在景观规划设计中它的功能主要表现为：

（1）标志性小品

一个景区的中心区反映这个景区的主题和时代气息，同时，也是一个区域文化发展程度的标志。而景观设计要求其具有广泛的可读性、雅俗共赏，既有超凡脱俗的艺术价值，又能使大众喜闻乐见，与大众息息相通。膜结构以其轻盈飘逸的造型、柔美并带有力量的曲线和大跨度、大空间的鲜明个性和标志性（如图2-104）。

图2-102　骨架式膜结构景观小品

图2-103

图2-104　愚自乐园中心区的膜结构景观小品

（2）绿色漫步道

近年来，在人口密集的大城市，在居住区周边配置绿色空间并有人行步道。居民可以在不受车辆的影响下，在居住区附近的街心地带轻松愉快地散步、休憩，而感到十分惬意。在绿色空间中构造一座膜结构的景观小品或者走廊、亭台水榭、休憩遮阳伞等，不仅生动地美化了环境，又有很强的功能性（人们可以在行走之暇小憩一会儿），而且增加了空间的参差感（如图2-105、2-106）。

图2-106　膜结构长廊

图2-107　膜结构的休闲景观小品

图2-105　膜结构水榭

4.膜结构的设置方法与技巧

膜结构以造型学、色彩学为依托，可结合自然条件及民族风情，根据建筑师的创意建造出传统建筑难以实现的曲线及造型。膜结构是景观建筑设计师的浪漫设想，享受大自然般浪漫空间。这种结构形式在景观建筑设计中特别适用于入口、景观小品、休闲广场、步行街等领域（如图2-107、2-108）。

图2-108　休闲小广场

第五节 //// 水体景观设计

《论语·雍也下》有云："子曰：知者乐水，仁者乐山；知者动，仁者静；知者乐，仁者寿。"其字面意见则是"智者喜爱水，仁者喜爱山；智者好动，仁者好静；智者快乐，仁者长寿"。实际上是以山水来形容智者和仁者，智者反应敏捷而又思想活跃，性情好动就像水不停地流一样，所以用水来进行比拟，仁厚之人，安于义理，仁慈宽容而不易冲动，性情好静就像山一样稳重不迁，所以用山来进行比拟。也说明了自古以来，人们对山水的喜爱。在景观规划设计中，水也有灵气之说，缺少水的景观，就像人缺少了灵气。

中国园林素有"有山皆是园，无水不成景"之说，也就充分说明了水体在景观规划设计中的重要地位。

一、水在景观设计中的功能及作用

水体作为景观设计的重要元素，不仅营造出一种意境，而且在景观中还兼有基底、系带、焦点、空间分割的作用。

1.基底作用

大面积的水面会使人感受到视野十分开阔，即带来美学上的开阔感，站在一片水面上，凉风袭面，使人心旷神怡，达到心情舒畅的感觉。从远处看，好像整个景物被托浮在水面上，岸上景物在水面上投下一片倒影，更显楚楚动人。因此大面积的水面有托浮岸畔和水中景观的基底作用。有时水面并不算很大，但水面在整个空间中仍具有独立面的感觉时，水面仍可作为岸畔或景观的基底，产生倒影，扩大和丰富空间。

例如桂林的杉湖，宁静的水面使日月二塔丰富的立面更加完整和动人，如果没有这片简洁的水面，则整个空间会显得呆板、沉闷，缺少生气（如图2-109～2-111）。

2.系带作用

水是流动的物质，它的连续性形成了一个系带，将景观空间中各散落的景点连接起来产生整体感，起到统一的作用。例如桂林两江四湖景区的带状水面延绵数千米，众多的景点或依水而建，或伸向湖面，或几面环水，整个水面和两侧景点好像一条翡翠项链。

再说桂林漓江，从桂林至阳朔一段，水程83公里，为桂林山水之菁华，它酷似一条青罗带，蜿蜒于万点奇峰之间，沿江风光旖旎，碧水萦回，奇峰倒影、深潭、喷泉、飞瀑参差，构成一幅绚丽多彩的画卷，人称"百里漓江、百里画廊"，沿江畅游，欣赏漓江两岸美景岂不妙哉，唐代诗人韩愈曾以"江作青罗带，山如碧玉簪"的诗句来赞颂桂林的山水。这里的青罗带，就是指漓江的系带作用（如图2-110）。

图2-109 桂林杉湖的基底效果

图2-110 桂林愚自乐园的基底效果

当众零散的景点均以水面为构图要素时，水面就会起到统一的作用。另外，有的设计并没有大的水面，而只是在不同的空间中重复安排水这一主题，以加强各空间之间的联系。水还具有将不同平面形状和大小的水面统一在一个整体之中的能力。无论是动态的水还是静态的水，当其经过不同形状和大小、位置错落的容器时，由于它们都含有水这一共同而又唯一的造景元素而产生整体的统一与和谐。

3.焦点作用

在一大片繁杂的景区中设计一池碧水，这是"闹中取静"的境界，也往往成为景区的一个焦点。相反，在景区中设计喷涌的喷泉、跌落的瀑布等动态形式的水景，以其形态和声响引起人们的注意力，这是"静中有动"的方式，吸引着人们视线的效果，用于调节过于寂静的空间。

在设计上，一般将这类型水景安排在向心空间的焦点上、轴线的交点上、空间的醒目处或视线容易集中的地方，强化突出其重点地位，使其成为景观中众人视线的聚焦点。

可以作为焦点水景布置的水景设计形式有：水池、喷泉、瀑布、水帘、水墙、壁泉等（如图2-112）。

图2-111 小区水景的基底效果

图2-112 喷泉水景的焦点作用

4.空间分割的作用

用水面限定划分空间，使人们的视线和行为不知不觉地在一种亲切自然的氛围下得到控制和引导，这无疑比过多地、单一重复地使用墙体、绿篱等手段生硬地分割空间，阻挡穿行要高明得多。由于水面只是平面上的限定和分割，故能保证视觉上的连续性和渗透性。此外，可以利用水面的行为限制和视觉渗透来控制视距，获得相对完美的构图，或利用水面产生的强迫视距达到突出或渲染景物的艺术效果（如图2-113）。

图2-113 水景的分割作用

二、水体景观的类型与特性

1.静水

静水一般是指呈片状水汇集的水面，常以湖、池、潭等形式出现。静水是相对而言的，只是它本身的无声、宁静、祥和、明朗给人的视觉、听觉的主观感受。实质上，它更富于动感，它蕴涵着丰富的意境和无限的生命力。首先，由于其平静的表面，静水能反映出周围物象的倒影，增加空间的层次感，给人以丰富的想象力。其次，在色彩上，静水能映射出周围环境的四季景象，表现出时空的变化；在微风中，静水产生的波纹与层层浪花表现出水的动感；在阳光下，水产生倒影、逆光、反射、折色等，使水面变得波光晶莹，色彩缤纷。静水的出现，给景观带来斑斓光影与无限动感。创造出"半亩方塘一鉴开，天光云影共徘徊"的意境（如图2-114～2-116）。

图2-114 南宁嘉和城小区水景

图2-115 亭与湖的组合显得更有韵味

图2-117 自然溪流水

图2-116 广西武宣县山顶天池形成的自然水景，使山更有了灵气

图2-118 著名的大新跨国瀑布

2. 流水

所谓流水，主要指自然溪流、河水和人工水渠、水道等。流水是一种以动态水流为观赏对象的水景，可以通过控制水量、水深、水宽的大小来设计流水的效果，还可以通过水渠的形状和在水渠中设置主景石来引起景致的变化。除了自然形成的河流以外，景观中的流水常设计于较平缓的斜坡或与瀑布等水景相连。流水虽拘限于槽沟中，仍能表现出水的动态美，给人们的生活空间带来特别的山林野趣，甚至也可借此形成独特的现代景观（如图2-117）。

3. 落水

落水是指各种水平距离较短、用以观赏由于较大的垂直落差引起效果的水体。凡利用自然水或人工水聚集一处，使水从高处跌落而形成白色水带的即为落水。在景观设计中，常以人工模仿自然去建造它。落水的水位有高差变化，常成为设计的焦点，变化丰富，视觉趣味多。落水向下澎湃的冲击水声、水流溅起的水花，都能给人以听觉和视觉的享受。根据落水的高度及跌落形式，又可分为瀑布、水帘、叠水、流水墙等（如图2-118）。

4.喷涌

喷涌是一种利用压力把水从低处打至高处再跌落下来形成景观的水体形式，是景区动态水景的重要组成部分。现代喷泉常运用电脑控制水、声、光、色，使之显露出变幻莫测的景象，具有装饰性。它的喷水高度、喷水样式及声光效果可为景区增添生气，使人有凉爽之感，且吸引人的视线，而成为视觉焦点，深受人们的喜爱（如图2-119、2-120）。

5.枯山水

枯山水起源于中国，光大于日本。公元6世纪佛教宏传以后，崇尚虚无的僧侣们开始在意境中觉悟出枯山水的味道，学着用石头堆砌出一些意境。而在六百年前的日本室町时代，日本人从中国的北宋山水画中汲取到更多的养分，遵循画中三远（高远、深远、平远）的表现手法，动手成就出较完整的枯山水庭院。

枯山水一般由细沙碎石铺地，再加上一些迭放有致的石组所构成的缩微式园林景观，偶尔也包含苔藓、草坪或其他自然元素。枯山水中的水通常由沙石表现，而山通常用石块表现。有时也会在沙子的表面画上纹路来表现水的流动。枯山水常被认为是日本僧侣用于冥想的辅助工具，所以几乎不使用开花植物，这些静止不变的元素被认为具有使人宁静的效果（如图2-121、2-122）。

图2-120　小区喷泉

图2-121　桂林愚自乐园枯山水景观

图2-119

图2-122　桂林杉湖湖岸枯山水景观

三、水体景观的设计表现

1.形态

"形态"体现水体是开阔还是狭窄、自然形态或是人工几何形态、相对的大小等，它所展现出来的是水体静态的形式美。水本身并无固定的形状，其观赏的效果决定于盛水物体的形状、水质、环境。水的形状、水姿都和盛器有关，盛器的大小、形状、高差和材质结构的变化造就了水的千姿百态，如有的涓涓细流、有的平静如镜，有的激流奔腾一泻千里……一旦盛器设计好了，所要达到的水姿就出来了。景观设计中水景的主要形式有溪流、瀑布、池塘、喷泉、泳池等，每一种水景都有其独特的魅力和吸引力。

图2-123 水的容器决定水的形状

图2-124 小区中宜人的水景

水体周围环境的风、温度、光线等自然因素也会影响水体观赏形态。例如大风下，水体波涛汹涌；温度下降，水结成冰，波光潋滟的湖面变成光滑耀眼的冰场；强光下，水体熠熠生辉等。另外为使水体达到更佳的效果，往往在水体中补充人工照明，这时的观赏效果往往优于一般的效果（如图2-123~2-125）。

2.动势

"动势"强调水体的高差关系，展现的是水体的动态美，既包括飞流直下的瀑布，也包括静静流淌的叠水。水的落差高，水流湍急，水势放荡不羁，有激情四射、纵情恣肆的豪放气魄，此时的水性格刚毅。水的落差低，水流律动，水势婀娜妩媚，有动人娇媚、眷恋徘徊的婉约情怀，此时的水性格温柔。不同水势的水体运用，体现层次丰富，对比鲜明的大自然生命之源的完整性格（如图2-126、2-127）。

图2-125 小桥流水人家的意境

3.声响

"声响"展现的是水体的听觉美，既包括汹涌的波涛声，也包括潺潺的溪流声，甚至可以结合人工背景音乐，配以鸟语蛙鸣，给人以无限的遐想空间。水的不同运动形成了不同音响，像湖浪的击岸声，巨涛的哗哗声，河流的滔滔声，瀑布的轰鸣声，溪水的潺潺声，泉涧的叮咚声……这些水体运动或流动所形成的音响效果，通过人的听觉唤起了不同的情绪，传达了一种听觉上的感官享受，让人们体味到声音的无穷魅力。

景观水景中常常通过流水、滴水、叠水等不同手法，模拟自然界中的清泉，形成特殊的听觉效果。水的音律之美有以心理时空融会自然时空的特点，从而将水

元素在景观中的作用提升到更高的精神层面。

4.色彩

"色彩"展现的是水景的视觉美。水本是无色透明，然而通过对水底、水岸材料以及岸边绿化种类的选择和搭配，辅以灯光照明系统，可以自由创造出理想的富于变化的水景色调（如图2-128、2-129）。

5.意境

古人有"水令人远"之说，以水喻志、以水言情历来是人们表达思想情感的一种方式。在设计时把握住水的性情，不仅追求自然的形似，而且要把自然中的气韵反映出来，把内在的本质、意义表现出来，

图2-126 水景的动态美

图2-127 水景的动态美

图2-128　色彩美

图2-129　水的色彩美

达到"片景生情"的意趣。水景意境的营造要求设计者有高度的艺术修养和匠心独运的精湛技巧。如桂林两江四湖中的"榕湖春晓"景点，深绿丛丛，黄花点点，湖中有岛，岛上亭阁水榭，曲桥相连，掩映于绿荫花丛之间，湖面波光碧影，晓烟氤氲，再衬以远处奇秀挺拔的山峰。一派"榕湖一明镜，光照八桂城"景象，有说不尽的诗情画意。沐浴在这自然美好的环境中，令人心旷神怡（如图2-130）。

6.附设

（1）观水亭榭

临水建亭是十分常见的设计手法，其作用是让

水面景色锦上添花，并增加水面空间层次。水体景观中的亭榭，或临水建于岸边陆地，或跨水建于水中，更有一些特色的水景亭如观瀑亭、听涛亭、望江亭、观潮亭、流觞亭等，多设于不同水体、水态的最佳位置，并须与主要观赏水景的体量大小、形态环境、风格等相适应。较大的静态水面中往往设离开水岸的湖心亭；大型园林中的大水面更设长堤或长桥（桥亭），可观景，供歇息，也增加了平静水面中的波浪与起伏的动感。

一般临水建亭，有一边临水、多边临水或完全伸入水中、四周被水环绕等多种形式，在小岛上、湖心台基上、岸边石矶上都是临水建亭之所（如图2-131）。

（2）渡水船桥

桥是人类跨越山河天堑的技术创造，给人带来生活的进步与交通的方便，自然能引起人的美好联想，故有人间彩虹的美称。而在中国山水园林中，地形变化与水路相隔，非常需要桥来联系交通，沟通景区，

图2-130　桂林榕湖水景的意境美

图2-131　桂林榕湖观水亭榭

组织游览路线。而且更以其造型优美形式多样作为园林中重要造景建筑之一。因此小桥流水成为中国园林及风景绘画的典型景色。在桥的规划设计时，桥应与园林道路系统配合，方便交通，联系游览路线与观景点；同时注意水面的划分与水路通行与通航，注意组织景区分隔与联系（如图2-132）。

（3）护水驳岸

驳岸在水体边缘与陆地交界处，为稳定岸壁、保护河岸不被冲刷或水淹所设置的构筑物。除此之外，驳岸可使水景更好地呈现其特色，使水面显得更为舒展。

驳岸的设计应根据水体、水态及水量的具体情况而定。大型的风景区或园林的水面，驳岸景观一般比较简洁、开阔。而小水池驳岸要求布置细致，与各色花草、石块相结合。同时，驳岸的设计必须结合所在景区园林艺术风格、地形地貌、地质条件、水面形成、材料特性、种植设计以及施工方法、技术经济要求来选其建筑结构及其建筑结构形式。

水体景观中的驳岸包括洲、岛、堤、矶、岸各类形式，不同水型采取不同的岸型，总之，必须极尽自然，以表达"虽由人作，宛若天开"的效果，统一于周围景色之中（如图2-133、2-134）。

图2-132　成都武侯祠景区的石拱桥

图2-133　自然形态的驳岸

图2-134　人工修筑的驳岸

（4）水生植物

水旁的乔木可以遮阴、护岸、成景，或构成画框。灌木、草皮和地被植物可以起到挡景、固水土、护驳岸、丰富水旁色彩的作用（如图2-135）。

（5）水中山石

山石是一种重要的造景素材。"园可无山，不可无石"，"石配树而华，树配石而坚"。石可围池作栏，或立壁引泉作瀑，伏池喷水成景。在景石造型中，可作景观的点缀，陪衬小品，也可以石为主题构成依水景观的中心。山石的运用，要根据具体素材，反复琢磨，取其形，立其意，借状天然，才能营造出"片山多致，寸石生情"的增色景观。

图2-135 水生植物

图2-136 水中山石

水体景观设计中，山石的运用常以岩、壁、峡、涧的手法将水引入园景，形成河流、小溪、瀑布等。由山石与水形成的溪和涧，可塑造不同的落差、不同的流速和涡旋及小瀑布等。这种依水景观的形成，对石的要求很高，特别是石的形状要有丰富的变化，以小取胜，效仿自然，展现水景主体空间的迂回曲折和开合收放的韵律（如图2-136）。

四、水体景观的设计要点

1.动静结合，注意与周边环境相协调

静态的水平稳和安详，给人以心理上宁静和舒坦之感，动态的水以其水的动势和水声，容易使环境产生各种引人入胜的气氛。在设计中，要注意静水、流水、落水、喷泉的组合，形成动静有致、虚实相生的丰富水景，另外要注意水体与其他景物的动静对比，例如与静水相关的建筑小品，有的以"动"的形象和静水形成对比，以取得静中求动、妙趣横生的效果。同时要充分重视与周围环境的配合，一般在优美的自然风光中，以静水倒映出湖光山色会相得益彰。大面积的静水切忌空而无物、松散而无神韵，应是曲折和丰富的。如果置身于整齐封闭的建筑群中，则以动态水景来活跃环境的氛围，丰富人们的视野。此外，景区环境中还有一些可以考虑的内容如石景、亭廊和构架等。这些景观性的地形处理或建筑物，一般不宜单独安排。如石景一般与水体结合，亭廊通常与地形处理和植物种植结合形成景观点等，总之，设计时要从水入手，充分尊重地形、依山就势，巧妙组合建筑群体，使建筑与滨水、山体绿色空间形成相互融合的统一体。

2.因地制宜，合理运用

形成水体要有两个基本条件：一是水源。最好要与当地的流动水系沟通，能经常供应清洁的水。如果不能与流动水系沟通，也应有其他人工供水来源，不至于因缺水干涸而成为死水而污染环境。二是气候适宜。我国北方冬季时间长，气温低，水体的作用难以充分发挥。在充分肯定水体景观的运用意义的同时，更要考虑项目基地是否具备条件。水景的运用与布置一般要依照景的面积、形式及水源供给情形而定。景区或附近充沛的天然水源是利用自然水景的最好机

会。否则可充分利用景区的地形地貌特点，结合景区内的建筑风格，当地的民俗文化特色建成各具特色的水池、溪流、瀑布、涌泉等自然景观。同时，要考虑水声、风声、风向及湿水雾气对周围环境的影响，在适当的范围内进行筑造。为了节约用水量，人工筑造的水景多采用循环利用的方式，突出体现水的灵性，努力与自然相协调，提高水资源的利用率。

3.以人为本，人水互动

将水体自然地融入景观中，关键是处理好岸型，使其曲线流畅。还要注意水面与地面尽量接近，给人以相互渗透之感。使人近水、亲水，使水景更具吸引力是水景设计的追求。水环境设计除了以分隔空间、观赏景色为主外，还要营造人们能亲临其境、下水玩耍的亲水环境。因此应该特别注意水的深度和水体边缘处理这两个方面的问题。如果砌筑堤岸，则宜采用天然材料，地面与水面高差大时可做成缓坡或采取分层跌落的办法使两者接近。这种亲水空间池底铺面要注意避免孩子玩耍时受伤，而且水深也要严格控制，否则就具有潜在的危险性。另外，也必须注意水体的清洁问题，保证水质。

第六节 //// 景观小品工程

俗话说，"细微之处见精神"，在景观规划设计中也是如此，景观工程除了整体上的规划设计外，还应注重细节的设计。在众多的景观中，我们常常看到一些构思新颖、富有情趣、小巧玲珑的设计，这些就称为小品。小品的设计或优雅大方，或俏皮可人，或现代时尚，给不起眼的小地方或角落带来无穷的生机，给人以强烈的印象并常常引起人们触景生情，又常常有"以小胜大"之妙。

一、景观小品的定义

小品泛指公园、庭院、自然风景区和公共绿地中简单小型的一些建筑、雕塑、置景和为方便园林管理及游人之用的小型建筑设施。景观小品是园林景观的重要元素之一，是景观环境中的一个视觉亮点，一般没有内部空间，体量小巧，造型别致，富有特色，并讲究适得其所。在园林中既能美化环境，丰富园趣，为游人提供文化休息和公共活动的方便，又能使游人从中获得美的感受和良好的教益。园林景观小品不仅具有多种使用功能，而且对园林景观具有极大的影响，是景观中举足轻重的一部分（如图2-137）。

二、小品在景观环境中的作用

1.组景作用

人们对一个景观环境的感受和理解很大程度上是由景观小品的布局和造型所决定的，所以景观小品在组织空间方面的作用绝不能忽视。景观小品在园林空间中，一方面作为被观赏的对象，另一方面又作为人们观赏景色的场所。因此设计中常常使用小品把外界景色组织起来，使园林意境更为生动。园林小品在园林空间中，除具有自身的观赏价值外，更重要的是利用其色彩、造型、比例等与周围环境紧密结合，彼此呼应，构成了中国园林中造园的起、结、开、合等规律。在古典园林中，为了创造空间层次和富于变幻的效果，常常借助于小品的设置与铺排，一堵围墙或一樘门洞都要予以精心的塑造，以求景物间完美的契合。园中有园，景中有景，层层叠叠，隐藏而不闭塞，通透而不疏浅，这些手法就是利用景观小品来进行组景的（如图2-138、2-139）。

2.观赏作用

优秀的园林小品能使人与环境达到共鸣，产生联

图2-137 景观小品设计图

想，使环境的意境更为深邃。尤其是那些独立性较强的建筑要素，如果处理得好，其自身往往就是造园的一景。桂林"愚自乐园"其中一景色就是以传统的石头雕塑的小品形式"矗立"于水边形成倒影，使景色更为迷人。好的景观小品设计必须与周围环境相协调才能组成佳景，由此可见，运用小品的装饰性能够提高园林建筑的观赏价值，满足人们的观赏要求（如图2-140）。

3.渲染气氛作用

在景观设计中常把桌凳、地坪、踏步、桥岸、灯具、指示牌和广告牌等予以艺术化、景致化，为人们提供好的服务，最大限度地满足人们的生理和心理需求。以渲染周围环境的气氛，增强空间的感染力，给人留下深刻的印象（如图2-141、2-142）。

三、景观小品的分类

景观小品是景观中精美的艺术品，是体现景观的装饰性和生动性的重要构成要素。一方面要满足功能要求，另一方面要结合形式美法则，适应景观环境的整体要求。作为现代城市环境中颇受人们关注和喜爱的景观小品，其内容丰富、种类较多，不同地域、不同时期有不同的划分方法。按园林小品的功能可以划分为以下两大类：

图2-139　古典园林中的组景手法

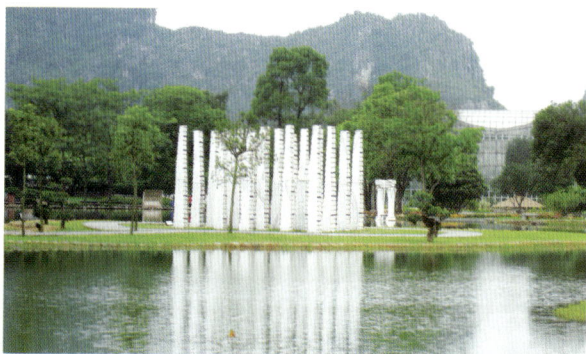
图2-140　雕塑与水景产生共鸣

图2-138　古典园林中的借景手法

图2-141　简单的木头搭起的花架小品使商业环境平添几分乡土味

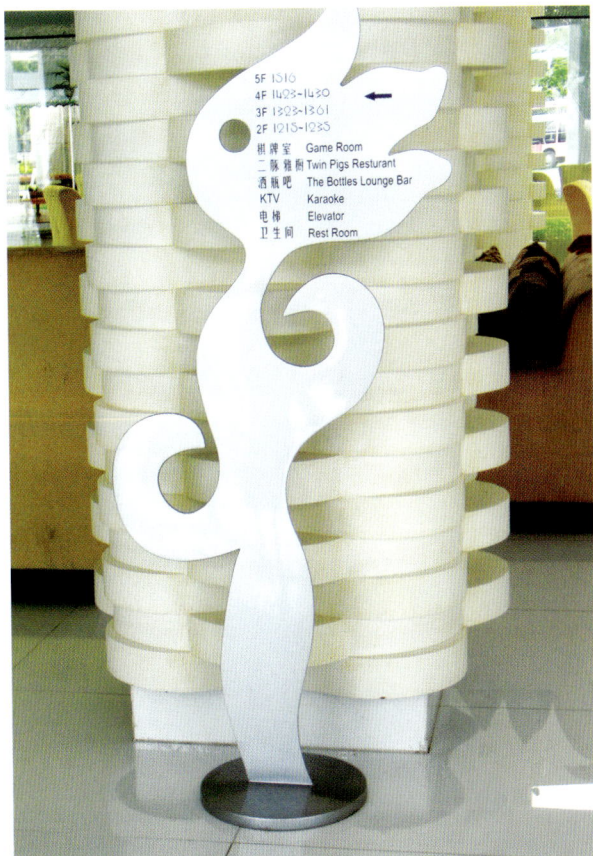

图2-142 造型别致的指示牌

图2-143 雕塑

1.艺术观赏类景观小品

此类小品主要功能是体现观赏性，突出其一定的审美因素。同时，注重小品的主题内容、形式等，达到景观的精神功能，丰富环境景观层次，增加区域空间的品位。这类园林建筑小品主要通过展现自身的形、声、色来吸引游人，从视觉感官上激发起人的审美情趣，同时在丰富建筑空间、渲染环境气氛、增添空间情趣等方面也起到十分重要的作用。观赏型园林建筑小品的设计应满足小品本身的审美要求，小品的设置与环境协调一致，如雕塑、置石、盆景、井泉、水池、花架、花坛等（如图2-143~2-145）。

图2-144 花坛

图2-145　置石

2.功能类小品

此类小品首先以实用为主，是在其发挥功能的前提下，为人们提供多种便利和公益服务，同时使小品与周围的环境协调而进行一定的艺术处理，增强了小品的观赏性。

供休息的小品。主要指在各种公共场所为人们休憩、活动提供直接服务的设施。包括各种造型的靠背圆椅、凳、桌和遮阳的伞、罩等。常结合环境，用自然块石或用混凝土做成仿石、仿树墩的凳、桌；或利用花坛、花台边缘的矮墙和地下通气孔道来做椅、凳等；围绕大树基部设椅凳，既可休息，又能纳凉（如图2-146）。

装饰性小品。各种固定的和可移动的花钵、饰瓶，可以经常更换花卉。装饰性的日晷、香炉、水缸、各种景墙、景窗等，在园林中起点缀作用（如图2-147、2-148）。

结合照明的小品。是现代景观的重要组成部分，既满足了照明的使用功能，又具有点缀、装饰景观环境的造景功能，是夜景调适的主要手段。如公园中灯的基座、灯柱、灯头、灯具都有很强的装饰作用（如图2-149）。

图2-146　公园中供休息用的凳

图2-147　花钵

展示性小品。各种布告板、导游图板、指路标牌以及动物园、植物园和文物古建筑的说明牌、阅报栏、图片画廊等，都对游人有宣传、教育、导向的作用（如图2-150、2-151）。

服务性小品。指在园林景观中为人的行为和活动提供方便并具有一定质量保障的各种公用服务设施系统，以及相应的识别系统。具有占地少、体量小、分布广、可移动、造型独特、色彩鲜明、便于识别的特点。如为游人服务的饮水泉、洗手池、公用电话亭、时钟塔等；为保护园林设施的栏杆、格子垣、花坛绿地的边缘装饰等；为保持环境卫生的垃圾箱等（如图2-152）。

图2-148　花坛

图2-149　造型古朴的路灯

图2-150　指路标牌

图2-151 导游图板

图2-152 造型别致的垃圾箱

力为人提供最好的服务，满足人生理和心理方面的需求。在为杂乱无章的环境与紧张节奏的生活所累的今天，人性关怀的设计创作需求更为迫切。富于人性化的景观小品能真正体现出对人的尊重与关心，这是一种人文精神的集中体现，是时代的潮流与趋势。景观小品的设计评价必须把"人的因素"作为一个重要的条件来考虑，综合生理和心理两方面考虑实现人性化需求的最大化。人性化设计即在设计产品的过程中以人为本，了解人的需求，设计出更好的尊重人，关怀人的产品。

小品之所以在现代园林景观中得到长足的发展和普及，主要是因为它在继承前人经验的基础上结合现代人的审美意识，运用于造园之中，它打破了传统的模式，给人以耳目一新的感受，凭其自身的艺术感染力为现代园林景观环境注入了新的生机与活力。现代小品构筑中应具备以下显著的特点：

（1）造型新颖：园林绿地中的每组景观小品都应给人以美的感受。为充分体现自身的艺术价值，它们必须新颖独特、千姿百态，不同于一般构筑物。比如在一个作品中除满足基本使用功能外，应更多地考虑其外形立面的处理，加大各个构件组合的对比强度，给游人以很强的吸引力（如图2-153）。

图2-153 造型新颖的现代雕塑

四、景观小品的构思特点与设计方法

小品是景观环境的重要组成部分，两者之间有着密切的依存关系。景观小品以其丰富的类型、优美的外观极大地丰富了园林景观。但是仅从小品本身的造型出发显然是不够的，还要充分考虑其各构成要素如材料、色彩等都需与环境协调一致。景观小品设计尽

（2）具有强烈的时代气息：无论是哪类景观小品都应体现时代精神，体现当时社会发展特征，不能滞后于历史，也不能跳跃历史。在某种意义上说必须是这个时代的精神写照，是这个时代的人文景观的记载（如图2-154）。

图2-154　具有时代气息雕塑

（3）具有地域和民族风格：园林绿地中的小品应充分考虑到自然地域和社会文化地域的特征，要与当地整个城市风貌协调一致。在小品的构筑形式上应与当地自然景观和人文景观的秩序相一致（如图2-155）。

（4）新型材料的应用：随着人们审美观念的不断提高，对小品的艺术形式有了更高的要求。通过不同材质表现园林小品会为人们带来新颖的精神和视觉双重享受。新颖的园林景观小品如何体现"新"字，不仅是它的形态新，材料也应体现"新"字，应该说时代的作品是新型材料综合应用的典范。新型建筑材料的出现给园林景观小品提供了良好的素材，给设计者带来了充分的选择自由，从而可以充分体现构思意图，为小品创造和发展开辟了新的广阔途径（如图2-156）。

五、构思与布局

景观小品作为景观空间的景物，具备相对独立意境和一定的思想内涵，才能产生感染力。这是景观

图2-155　具有民族风格的小品

小品的核心与生命力所在。凡是成功的小品，无不是构思新巧、别开生面，深刻而准确地表达了设计的寓意。同一寓意，在不同环境空间其造型各异。不同形态、不同布局、不同色彩、不同尺度及光影变化，均可达到同一寓意之目的。小品的内在之美隐藏于外在形式中，需要用心去交流、思索。因此，构思小品时应该充分考虑其布局需要，采用最符合设计需求的风格和样式。

景观小品的设计和建造应抓住小品的闪光点。园林环境设计的好坏，其空间构图科学性、合理性和艺术性是关键。小品虽为点景，能形形色色千变万化，亦能匠心独到，有点睛之妙。精巧别致的造型，独树一帜的风格，恰到好处的布局，深厚的文化内涵，浓

图2-156　新材料在城市小品中的运用

图2-157　小品在小区景观环境中的构思与布局

图2-158　小品与整个景观环境的比例、尺度

图2-159　小品与环境设计构图的比例关系

郁的地域特色，能使人切身体会到来自城市建设者和管理者无微不至的关怀和人性化的服务，从而赋予该城市与众不同的都市形象和魅力，都能留下深刻的印象（如图2-157）。

六、尺度与比例

比例与尺度是产生协调的重要因素。尺度是使一个特定的物体与环境呈现一定比例关系的一种特性，是人们经验的对比和心里的度量。空间环境景观中的设施设计，在比例与尺度方面尤为重要。小品自身与环境、建筑等的比例会直接影响到小品的景观价值。在小品设计过程中，既要考虑到小品本身的功能比例，又要考虑到小品与环境设计构图的比例关系。如在小空间内放置一个大体量的小品，会使整个空间显得狭小紧张；反之，在大空间放置小物体会让人觉得萧落与平淡。完美的小品应该是功能、比例、尺度最充分的结合，才能产生协调之美（如图2-158、2-159）。

七、实用与审美

随着人们审美水平的不断提高，园林环境中的许多设施在设计中把其功能与造型、色彩等巧妙地结合起来，在实用的前提下，为环境增添了丰富的色彩和优美的造型，成为环境中的景致。色彩的应用，往往受到社会和人们的精神状态及心理活动的影响。实现艺术与文化的结合。园林建筑小品要在园林环境中起到美化环境的作用，必须要有一定的艺术美，满足人们的审美要求，同时也应表现一定的文化内涵。在环境中，小品设计采用的色彩与周围环境是否协调，会给人们带来不同的感受。因此除满足视觉欣赏和情感交流外，还应符合实用功能及技术上的要求。设施小品与人类的活动息息相关，不同的人有不同的习惯

和爱好，在考虑人的行为需求的同时也应考虑人的心理需要，如对私密性、舒适性等的需求。因此在设计和应用园林景观小品时，应坚持以人为本，结合人的行为特点、心理要求综合考虑。在设计小品的过程中以人为本，了解人的需求，只要是"人"所使用的产品，就应在功能要求上从人机工程的角度加以考虑，建立人与小品之间的和谐关系，最大限度地挖掘人的潜能，综合平衡地使用人的体能，保护人的健康。设计出更好的尊重人、关怀人的产品。如在人行道上开辟盲道，在入口楼梯两侧开辟无障碍坡道，这些都是考虑到残疾人需求的人性化设计。普适的体现，让使用者在使用设施时感到方便、安全、舒适、快捷，是人性关怀的景观小品的内涵（如图2-160）。

图2-160 具有人文关怀与艺术气质的小品

八、原则与步骤

小品的设计首先要满足使用的基本条件，即必须实用。也要充分重视放置与保养的合理性。同时必须将物体的艺术价值与使用价值结合起来，使它在景观环境中为我们的生活发挥作用。在具体设计中可参考以下步骤进行规划：

构思立意，根据自然景观和人文风情，作出景点中小品的设计构思。

因地制宜，选择合理的位置和布局，做到巧而得体，精而合宜。

富有特色，充分反映建筑小品的特色，把它巧妙地熔铸在园林造型之中。

顺应自然，多些随意，少些雕琢，不破坏原有风貌，做到得景随形。通过对自然景物形象的取舍，使造型简练的小品获得景象丰满充实的效应。

装饰点缀，充分利用建筑小品的灵活性、多样性以丰富园林空间。把需要突出表现的景物强化起来，把影响景物的角落巧妙地转化为游赏的对象。

环境对比，把两种明显差异的素材巧妙地结合起来，相互烘托，显出双方的特点。

第七节 //// 实践性教学

一、地形地貌实践性项目

1.任务目标

现场勘察+绘制地形地貌图+绘制设计方案草图

2.实施方式

以5～10人为一个小组，自行制订计划完成。

3.具体安排

(1) 选定校园及周边居住小区、景区进行实地勘察训练。

(2) 对选定的景点地理环境、道路、绿地、车流人流线路、地形设计类型等，用钢笔淡彩绘制地形地貌图。

(3) 分工绘制局部的平面、立面、剖面图。

(4) 集体讨论形成统一的设计方案，编写设计说明（300字以内），并分工绘制设计方案草图。

4.成绩评定

(1) 小组自评，小组内对各成员完成的成果进行评分。

(2) 集体互评，各小组展示绘制的作品，并讲解作品设计的方案构思。

二、景观植物实践性项目

1.任务目标

现场勘察+植物配置图绘制

2.实施方式

以5～10人为一个小组，自行制订计划完成。

3.具体安排

(1) 选定校园及周边居住小区、景区进行实地勘察，了解植物的种类、特性、种植情况。

(2) 选定一个景区范围，设计植物配置及种植方案，用钢笔淡彩分工绘制植物配置图。

4.成绩评定

集体展示作品，按艺术与功能相结合以及生态性要求的原则进行评定，要求配置合理、主题鲜明、造型美观、富有内涵，绘制图形透视效果好、色彩运用合理。

三、地面铺装实践性项目

1.任务目标

了解铺装材料+掌握铺装构图设计

2.实施方式

集体考察，小组完成设计（以5～10人为一个小组，自行制订计划完成）。

3.具体安排

（1）集体组织到附近公园、广场、小区等实地考察地面铺装情况，请各场所的设计人员或教师讲解，并准备相关的问题现场提问。

（2）集体组织到建材市场了解各种铺装材料。

（3）集体组织到正在施工的工地了解铺装工艺。

（4）各小组选定一个项目进行铺装设计，分工配合绘制手绘效果及电脑效果，并写出设计说明。

4.成绩评定

（1）各小组展示绘制效果，互相参观。

（2）教师及各小组派1名代表进行成绩评定。再根据各小组对各成员的自评分，教师综合后给出每位同学本单元的最终成绩。

四、景观建筑实践性项目

1.任务目标

了解各种景观建筑的特点特性，学会景观建筑布景。

2.实施方式

以5～10人为一个小组，自行制订计划完成。

3.具体安排

（1）各小组利用课余时间到附近公园、景区、休闲小区等，参观了解各种景观建筑，体会各自特点。

（2）各小组选定一个项目，进行现场勘察后，分别设定一个设计主题及设计风格，或古典、或时尚、或休闲清静、或热闹，设计一个景观规划方案，并在重要景区布置景观建筑，要求符合设计主题，满足功能要求并具艺术之美。先提交手绘效果图后，由教师审定后制作部分电脑效果图。

4.成绩评定

（1）集中展示并点评成果。

（2）在教师的指导下进行成绩评定。

五、景观水体实践性项目

1.任务目标

了解水体在景观设计中的作用，学会布置水景。

2.实施方式

以5～10人为一个小组，自行制订计划完成。

3.具体安排

根据合作项目，或在校园内选定某个景区，或周边小区景区作为项目地点，按以下步骤完成设计任务。

（1）现场勘察，了解选定景点的水源及水体情况。

（2）按照功能与美观的要求，在景区中设计一水体，并配置适当景物。

（3）分工完成淡彩草图的绘制及电脑效果图制作。

（4）编写设计方案说明。

4.成绩评定

（1）各组展示设计的草图、电脑效果图、设计说明。

（2）教师组织成立考核小组，综合进行评价。

评价要点包括以下几个方面：

①结合多种水体类型，在型、势、色、声、意境与附属景观方面进行充分的考虑。

②注意动静结合，突出水体景观特征，布局简洁明快。

③充分考虑周边环境的关系、居民心理需求与行为特点等因素，有独到的设计理念。

④画面表现完整、清晰，设计图种类齐全，线条流畅，构图合理，整洁美观，图例、文字符合制图规范。

⑤说明书语言流畅，言简意赅，能准确体现设计意图。

六、 景观小品实践性项目

1.任务目标

学会景观小品的运用与设计。

2.实施方式

以5~10人为一个小组，自行制订计划完成。

3.具体安排

根据合作项目，或在校园内选定某个景区，或周边小区景区、商业区等作为项目地点，按以下步骤完成设计任务。

（1）现场勘察，了解各景点小品的运用情况。

（2）在充分讨论后，为景点增加景观小品。

（3）分工完成淡彩草图的绘制及电脑效果图制作。

（4）编写设计方案说明。

4.成绩评定

（1）各组展示设计的草图、电脑效果图、设计说明。

（2）教师组织成立考核小组，主要从小品的构思是否符合景点的设计主题以及景观的艺术造型方面进行综合评价。

[复习参考题]

◎ 景观设计中最常用的元素，除本章所述以外，一般还有哪些？各有什么特点？

◎ 通过对周边景观景区的了解，举例说明景观设计中的材料、造型、色彩等因素对空间氛围的营造效果与方法。

◎ 以小组为组织形式，收集资料，了解山、石等元素在景观规划设计中的运用，并撰写一篇字数在1000~2000之间的小论文，召开班级论文交流会议，各小组派代表进行论文宣读交流。

第三章 景观规划设计基本流程与方法

本章重点

1. 景观规划设计的风格定位及设计表现方法。
2. 景观规划设计的方案设计及文案写作。

学习目标

通过案例项目了解和掌握景观规划设计的基本流程与方法。包括如何开始项目准备、项目策划，并进行项目总体设计，详细设计和一般的工程概算，提交项目文本等。

建议学时

20学时。

第三章 景观规划设计基本流程与方法

一、熟悉和掌握景观规划设计的相关法律法规

在设计前我们一定要熟悉和掌握一些与景观规划设计相关的法律法规，主要有中华人民共和国《环境保护法》、《土地管理法》、《水法》、《文物保护法》、《自然保护区管理条例》、《风景名胜区管理条例》等，这样才能避免我们的设计方案与法律法规相悖，使规划和设计具有合法性和可行性。

二、设计项目的场地分析

场地分析包括对场地特征以及场地存在问题的分析评估。通过现场勘察对现有资料进行补充，尽量把握场地与周边环境的关系、现有的景观资源、地形地貌、交通状况、树木和水源情况、文化及人脉背景等，归纳出需要尽可能保护和需要摈弃和改善的特征，并绘制现状分析图（如图3-1）。

本案现状：

1. 道路交接存在残断，部分交通分区混乱，道路高差不存在占道停车、占道经营等现象。

2. 基础层未建设，没有系统的道路排水，局部路基存在坍塌，部分绿化围栏损坏。

3. 绿化树植配置混乱，新旧搭配不一，存在占道树木，局部树根破坏路面，若干树木影响交通视线。

4. 景观系统空白，道路缺乏园区感，缺乏道路景观装饰，有待重新归整设计。

5. 道路民政设施没有系统配置，报刊亭、指示牌或损或卫生设施没有配置，公交系统设施未建设。

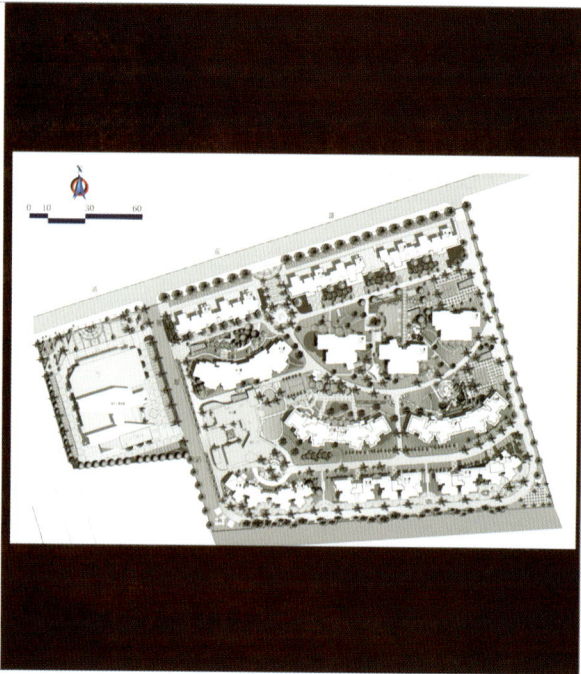

图3-1 现状分析图

第二节 ///// 项目策划

项目策划主要包括设计主题定位、设计目标。

一、设计主题定位

景观规划设计不仅仅是设计，而是一种文化，这是景观规划设计的最高境界。

景观规划设计不只是形式与功能的区域设计，作为一个区域文化建设的元素，更是启动人们理想与行动的根源，所以设计主题定位就要根据区域的历史文化与时代的传承，来造就区域空间环境与文化的延续，以便设计区域人文与时代相融合的景观空间环境。

在这个环节我们首先要了解项目所在的区位（地理位置），并把区位图绘制出来。区位图属于示意性图纸，表示该项目在城市区域内的位置，要求简洁明了，如果周边有相关的重要历史文化区域，也要一同标明。如图3-2所示为广西职业技术学院思明湖景区区位图。

二、设计目标

设计目标就是设计师对项目设计所要达到的效果，满足人对空间环境的使用需求与观赏需求，设计师正是根据这个设计目标开始进行整体策划与构思的。

第三节 ///// 项目设计

一、总规划平面图设计制作

在这一过程中，设计师可以在研究自然和人工景观相互关系的过程中，互相启发思路和纠正错误。经过这一轮加工后，再由组织者对各方面进行协调，并在提出的设计主题构思中尽可能给予完善，最终达成统一的表达，绘制出总平面规划图。因此总规划平面图主要表示整个建筑基地的总体布局，并具体表达新建房屋的位置、朝向以及周围环境基本情况的图样。

广西职业技术学院思明湖景区区位图

思明湖景区

图3-2

总规划平面图的内容主要有：表明规划项目区的总体布局：用地范围、各建筑物及景观设施与景观建筑的位置、道路、交通等相互协调的总体布局。如图3-3（广西北海市新城国际小区景观规划设计总平面图）。

二、景观功能分区图

根据总体设计的原则、现状图分析，根据不同年龄阶段游人活动规划，不同兴趣爱好游人的需要，确定不同的分区，划出不同的空间，使不同空间和区域满足不同的功能要求，并使功能与形式尽可能统一。另外，分区图可以反映不同空间、分区之间的关系。该图是以性质说明，可以用抽象图形或圆圈等图案予以表示（如图3-4）。

三、交通分析图

首先，在图上确定公园的主要出入口、次要出入口与专用出入口。还有主要广场的位置及主要环路的位置，以及作为消防的通道。同时确定主干道、次干道等的位置以及各种路面的宽度、排水纵坡。并初步确定主要道路的路面材料、铺装形式等。图纸上用虚线画出等高线，再用不同的粗线、细线表示不同级别的道路及广场，并注明主要道路的控制标高。

交通分析图就是表示项目区域的交通道路分布状况是否达到人车合理分流的目的。交通道路分布主要是根据项目的规模、位置以及人、车的日常行为规范等来确定，一般来说，景观规划设计中的交通道路有大型车辆专用的主干道、项目区域内的车行道以及休闲漫步的步行道（如图3-5）。

总平面图

1. 水景商业广场
2. 休闲花园
3. 海马喷水雕塑
4. 风水球水景观
5. 热带植物花园
6. 亲水花园
7. 水景步行桥
8. 欧式镂花亭
9. 风帆张拉膜
10. 健身区
11. 景观游泳池
12. 廊亭花园
13. 绿化停车带
14. 生态停车场
15. 翠竹屏
16. 遮阳廊

绿化率：39.6%

图3-3

功能分区图

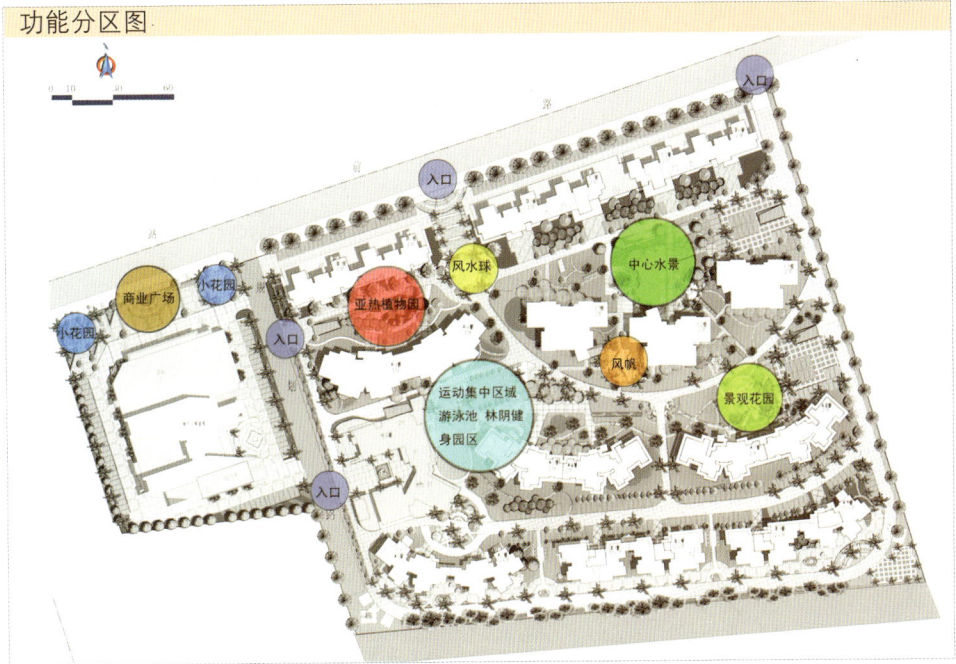

入口

入口

入口

入口

入口

风水球

中心水景

小花园

商业广场

亚热植物园

风帆

小花园

运动集中区域
游泳池 林阴健
身园区

景观花园

图3-4

交通分析图

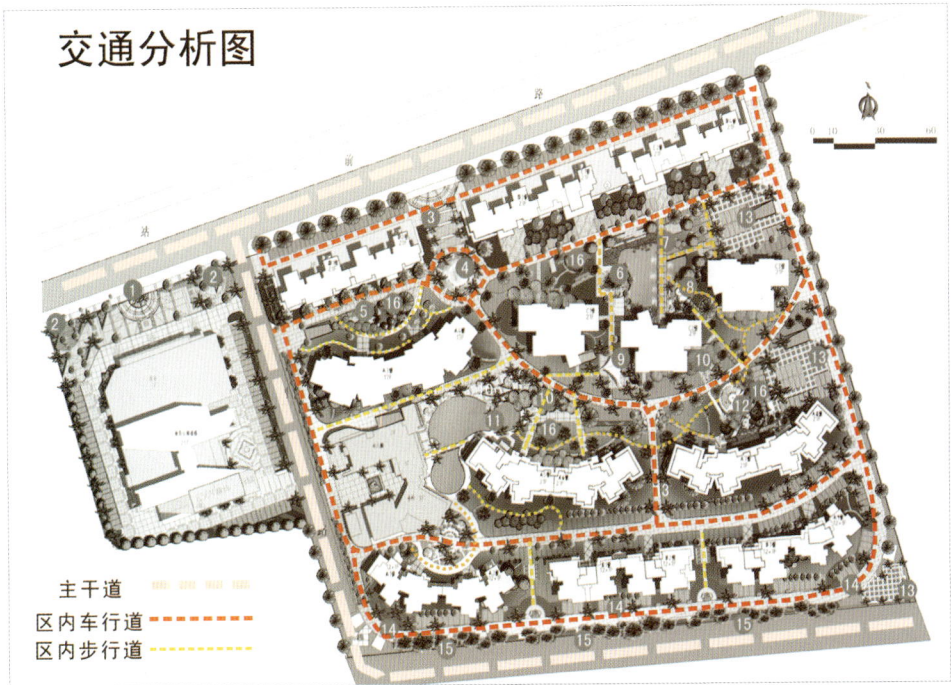

主干道
区内车行道
区内步行道

图3-5 交通分析图

四、绿化种植设计意向图

　　根据总体设计图的布局、设计的原则以及苗木的情况确定整个项目的总构思。种植总体设计内容主要包括不同种植类型的安排，如密林、草坪、疏林、树群、树丛、孤立树、花坛、花境、路边树、水岸树、种植小品等内容，确定项目的基调树种、骨干造景树种，包括常绿、落叶的乔木、灌木、花草等（如图3-6）。

五、地面铺装设计意向图

　　地面铺装意向图是为了表达规划项目区域地面适应高频度的使用，避免雨天泥泞难走，给使用者提供适当范围的坚固的活动空间，通过布局和图案引导人行流线基本图样（如图3-7）。

六、景观设施设计意向图

　　景观设施意向图对规划项目区域的公共设施，如垃圾箱、坐椅、健身器材、公用电话、指示牌、路标等设计预期所达到的效果的基本图样（如图3-8）。

七、照明设计意向图

　　灯光照明并不一定以多为好，以强取胜，关键是科学、合理、安全。灯光照明设计是为了满足人们视觉生理和审美心理的需要，使景观空间最大限度地体现实用价值和欣赏价值，并达到使用功能和审美功能的统一。所以照明设计意向图就是体现规划项目照明设计所要达到使用功能和审美功能的统一预期效果的基本图样（如图3-9）。

绿化种植设计意向图

春季植物　夏季植物　秋季植物

1.商业广场
　　商业广场硬地面积大，商业功能复杂，交通组织定向，绿化配置方面区域性分割强，商业密集区域种植小影响广告展示，车流、人流区域控制植物配置密度，开放视线，广场休闲区域适当以生存率高的植物培植，适应复杂环境。活动配置植物，如节F1活动临时花卉与摆设植物，不能干交通流线和识别系统。

2.住宅小区
　　小区自然景观的处理上，以亚热带海边常绿植物和色叶开花植物结合，如榕树科、大王椰、桂花树、美人蕉等，疏密有致，四季常温，林冠线变化丰富，使自然景观无论在横向、竖向以及时空穿梭中均有韵律的交替。在设计中，我们坚持空间重叠利用原则，注意常绿和落叶、针叶与阔叶相结合，着重突出绿量，营造四季相宜、亚热带海边地域的主题特色景观。

榕树　　紫藤　　大王椰　　桂花树　　文殊兰

图3-6

地面铺装设计意向图

用当地材料，利用其鲜明的材料质感和色彩。

硬景观的图案纹理与规划中的建筑形态遥相呼应。

采用地方石料和木料，并与周边的环境相融合，形成本开发特有的景观特性与独一无二的标志性象征。

主材：石、木、钢、绿色植物。

主色调：混合暖色系，黑、白、灰。

图3—7

景观设施设计意向图

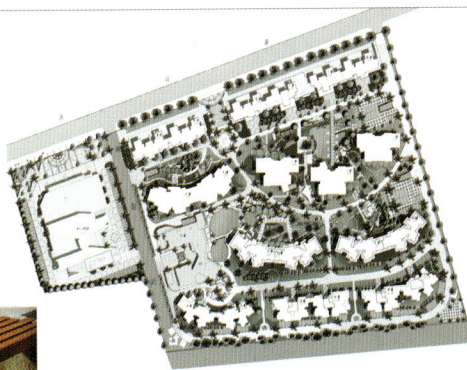

公共设施

健身器材

组团绿地。架空层中适量摆放的成品有氧健身器材居者服务。

儿童游戏

组团中集中摆放，满足不同年龄段儿童要求，并与景观空间配合形成不同主题活动游戏空间。

休息坐椅

和绿化有机结合，大部分为树荫坐椅。垃圾桶、废物箱设置在道路的两旁和路口，间距商业街为25～50米。

图3—8

照明设计保障功能以照明、安全性为基础，以间接、隐藏照明减少光源，同时重点突出景观效果。

照明设计意向

水景树林照明

台阶灯

● M1 埋地灯

YZ—8/M016

侧壁灯

庭院灯　　装墙灯　　埋地灯　　门牌照明　　草坪灯

图3-9

八、鸟瞰图设计制作

设计者为更直观地表达项目设计的意图、设计中各个景点、景物以及景区的景观形象，通过钢笔画、铅笔画、钢笔淡彩、水彩画、水粉画或其他电脑绘图形式表现，都有较好效果。鸟瞰图制作要点：

1.无论采用一点透视、二点透视或多点透视、轴测画都要求鸟瞰图的尺度、比例上尽可能准确反映景物的形象。

2.鸟瞰图应注意"近大远小、近清楚远模糊、近写实远写意"的透视法原则，以达到鸟瞰图的空间感、层次感、真实感（如图3-10）。

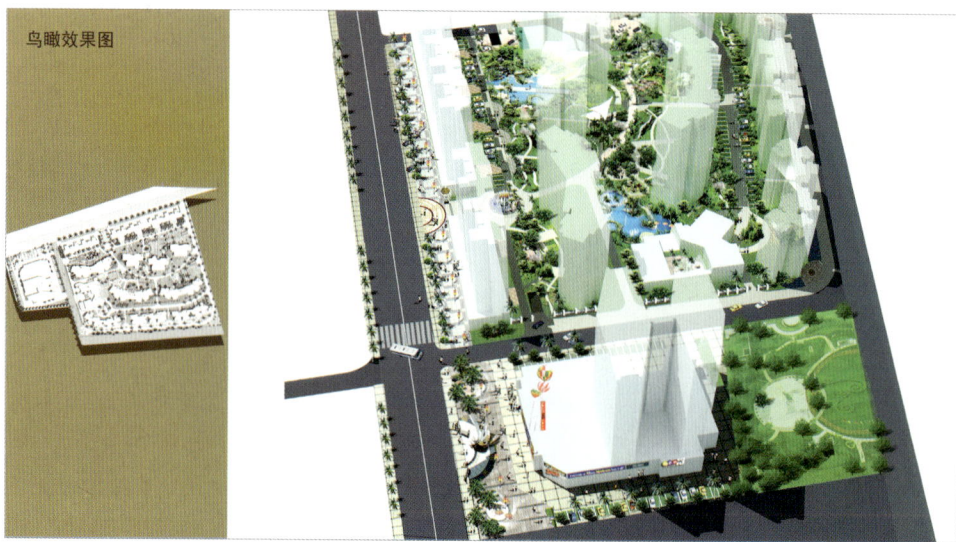

鸟瞰效果图

图3-10

第四节 ///// 项目详细设计

一、节点（局部）效果图设计制作

局部效果图也就是详细设计的图样，主要针对主要的景观、景点的三维效果图的设计制作，使客户对设计方案的各个景观节点或局部具体直观地了解，充分地说明设计师的创意和设计意图（如图3-11～3-16）。

二、大样图设计制作

对于重点树群、树丛、林缘、水景、亭、花坛、花卉等，可附大样图。要将群植和丛植的各种树木、水景、亭等位置画准，尽可能注明材料、尺寸等，并作出立面图，以便施工参考（如图3-17～3-22）。

三、设计总说明

说明书的内容是初步设计说明书的进一步深化。说明书应写明设计的依据、设计对象的地理位置及自然条件，项目绿地设计的基本情况，各种项目工程的论证叙述，项目绿地建成后的效果分析等（如图3-23）。

风帆园区节点效果图

图3-11

小区中心水景效果图

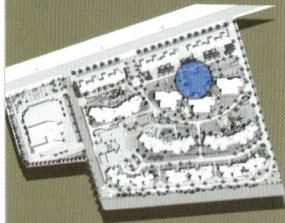

图3-12

花园停车场效果图

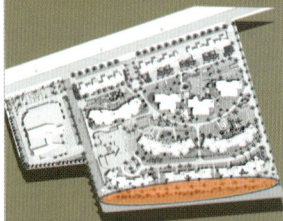

图3-13

商业广场效果图

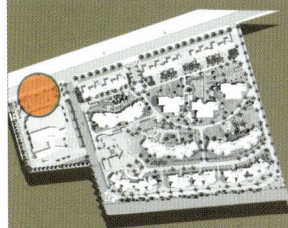

图3-14

效果图

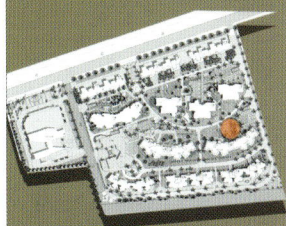

图3-15

亚热植物园区节点效果图

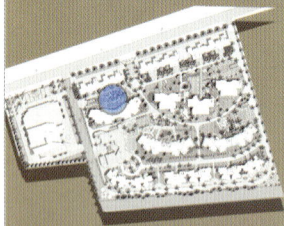

图3—16

风水球大样

图3—17

海马喷泉大样

图3-18

欧式水岸亭大样

图3-19

围墙大样

图3—20

做法构造图例

树池做法

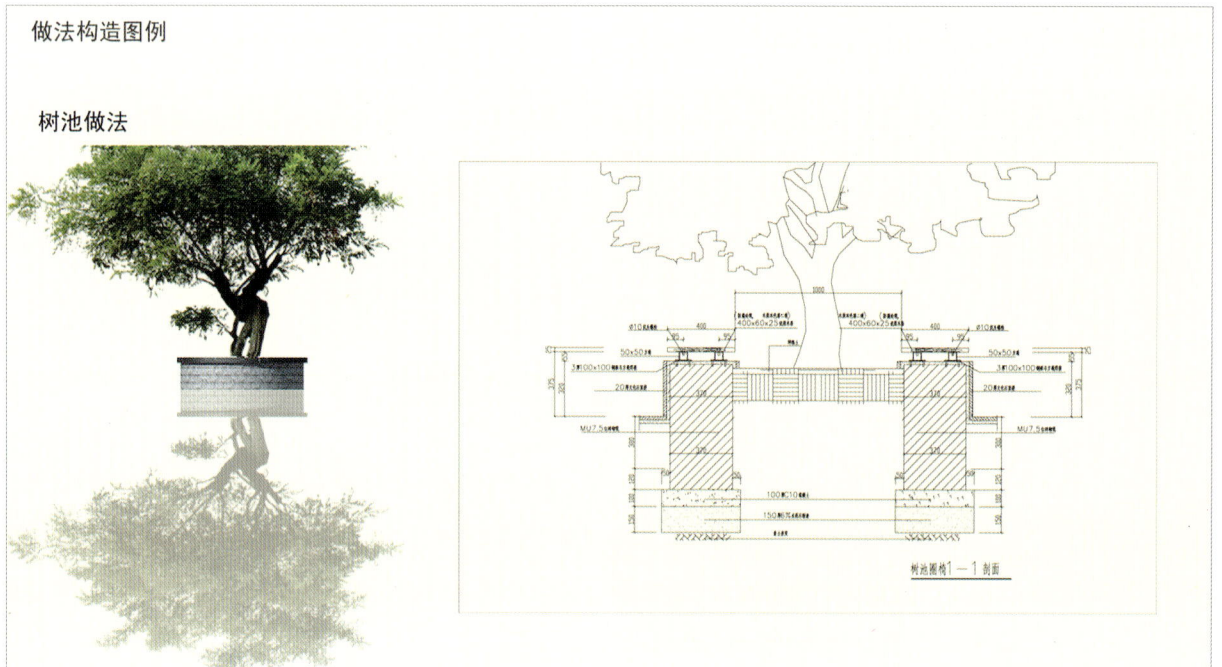

树池围椅1—1剖面

图3—21

小区入口大样

图3—22

图3—23

设计总说明

一、项目概况

项目主要由15幢商住及住宅楼组成(分二期建设),建筑层数为12～25层,首层架空作停车库及地下停车库,临街1、2号楼首、二层作商铺,三层以上为住宅(其余的楼宇均是纯粹住宅楼)。二期商住大楼1～3层作商场,四层以上是商住。一期中配套有会所及幼儿园。功能定位为中高档商住社区。

二、景观设计总体构思

基于该小区地处广西北部湾边沿的某个市,本市是具有亚热带海边特色的旅游城市。以亚热带海边特色的植物、景观为设计主题,结合原颇具现代化感觉的建筑、规划设计方案,加以调整、深化设计,并巧妙糅合与之相协调,营造具有亚热带海边旅游城市地方特色、文化的氛围,体现出一流的海边亚热带生态、具地域特色的人文休闲景观居住环境。

三、景观布局说明

商住大楼和组团小区成为两点式的景观,商业广场偏向于商业功能景观,小区以生活休闲为主。小区主要景点的分布以滨海休闲风情为主线,集中控制在中间地带,以丰富的亚热带植物绿化与齐全的配套设备构造社区景观。A,C组团之间受停车占位和密楼距的限制,主要以绿化缓冲的布局来设计。

四、主要景观节点说明

1.商业综合广场

位于此商业黄金地段的临街段,担负交通组织和商业活动的功能。本案以海浪形态的立体铺装为主线,将广场划分区域,中心位置为地喷泉现代雕塑,两端为商业休闲园区,预留中段两处场地为商业活动区,功能明了,造型大方。

2.小区主入口

路两侧为海马喷泉雕塑,中间节点为大型风水球水景,水势由小到大,由低到高,点面结合,俱声俱势,风生水起,营造扑面而来的浓烈地域文化气息。

3.中心水景

位于组团中楼间距离最为开阔的C2和E2栋之间,是全园区景观的"眼",水、石、亭、台穿插在形态自然的堤岸线上,遥相呼应,高低搭配的多样绿化,丰富的路线,移步易景,在园中,在画中。

4.风帆亭

滨海印象的雕塑结合现代休闲的建筑,活跃了小区气氛。

第五节 //// 工程概算

在施工设计中要编制概算。它是实行工程总承包的依据，是控制造价、签订合同、拨付工程款项、购买材料的依据，同时也是检查工程进度、分析工程成本的依据。概算包括直接费用和间接费用。直接费用包括人工、材料、机械、运输等费用，计算方法与概算相同。间接费用按直接费用的百分比计算，其中包括设计费用和管理费（如图3-24）。

序号	项目名称	单位	数量	综合单元（元）	合价（元）
	一、商业广场				
1	前商业广场铺装工程	m²	1520	90.0	136800
2	商住楼周围铺装工程	m²	3688	75.0	276600
3	绿化工程	m²	1350	85.0	114750
4	广场中心喷水雕塑	项	1	65000.0	65000
5	灯光工程	项	1	148500.0	148500
	小计				741650
	二、住宅小区				
1	主要道路铺装工程（水泥、沥青）	m²	4774	55.0	262570
2	园区道路工程（花砖、石、青石）	m²	1890	80.0	151200
3	绿化工程	m²	9168	70.0	641760
4	水体系统工程（游泳池、中心水景）	项	1	660000.0	660000
5	灯光工程	项	1	205000.0	205000
6	海马喷水雕塑（含水循环系统）	项	1	76000.0	76000
7	风水球雕塑（含水系统）	项	1	165000.0	165000
8	遮阳廊架（木、金属、石材结构）	m	30	3500.0	122500
9	欧式华亭（金属、石材结构）	项	1	65600.0	65600
10	小区设施	项	1	27000.0	27000
11	运动设施	项	1	65000.0	65000
12	小计				2489370
	总计				3231020

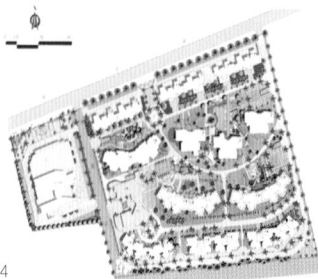

图3-24

项目名称：小区景观工程
工程面积：2.4万平方米
造　　价：134.5元/平方米
总造价估算：3231020元

工程概算

第六节 ///// 设计成果提交

设计成果提交也就是把所有设计方案图纸以及相关说明文字如设计理念、设计手法、灵感来源等按顺序进行整理、归纳与总结，制作成文本的形式上交有关部门与客户进行审核或者参加项目竞标。规划文本的编制是主要项目的具体要求、规模等，基本没有固定的格式，只要能表达现方案的构思、设计创意以及可行性即可，但是，大体上规划文本的主要内容有封面、目录、设计说明、效果图、大样图、概算等。如广西职业技术学院思明湖景区景观规划设计文本的编制（如图3-25~3-67）。

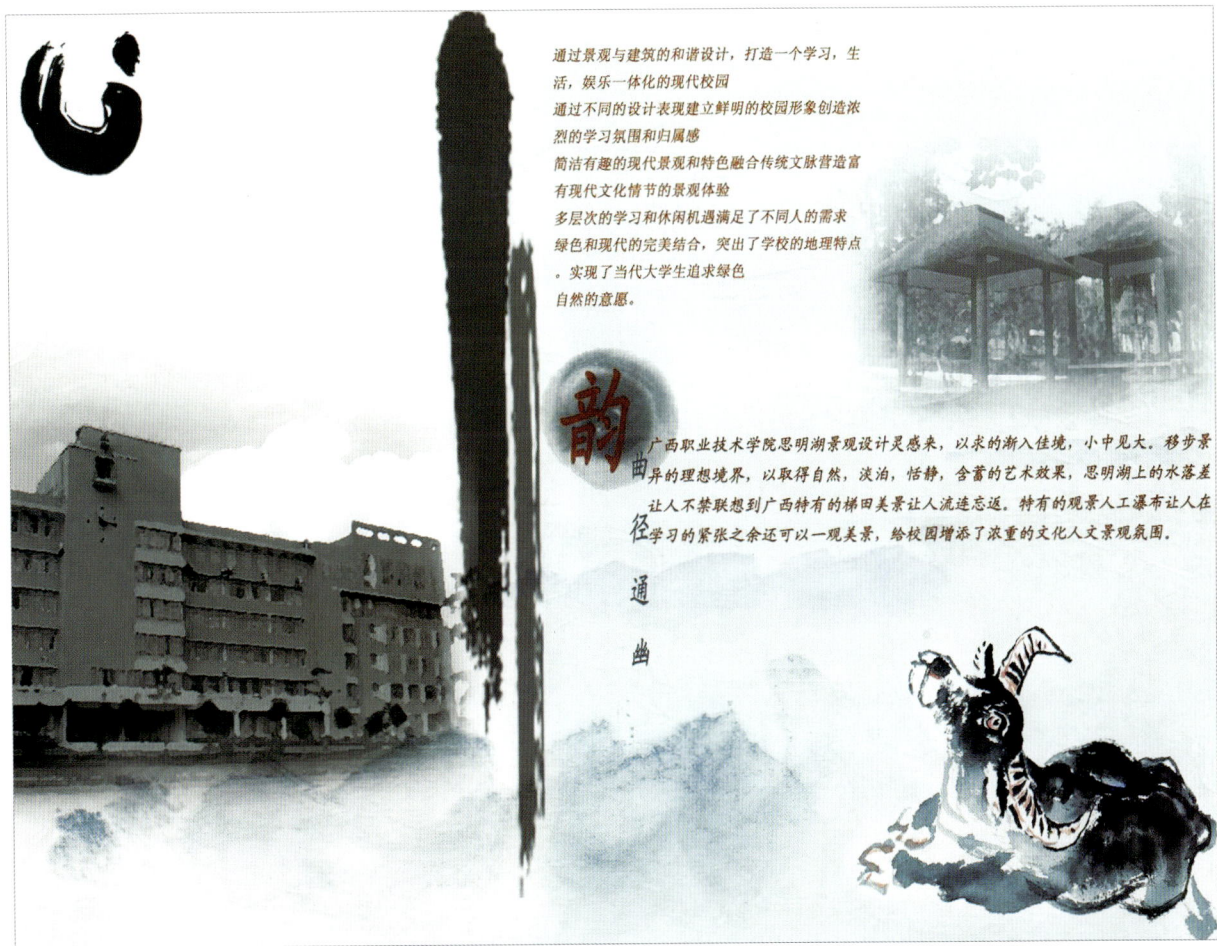

通过景观与建筑的和谐设计，打造一个学习，生活，娱乐一体化的现代校园
通过不同的设计表现建立鲜明的校园形象创造浓烈的学习氛围和归属感
简洁有趣的现代景观和特色融合传统文脉营造富有现代文化情节的景观体验
多层次的学习和休闲机遇满足了不同人的需求
绿色和现代的完美结合，突出了学校的地理特点
，实现了当代大学生追求绿色
自然的意愿。

韵

广西职业技术学院思明湖景观设计灵感来，以求的渐入佳境，小中见大。移步景异的理想境界，以取得自然，淡泊，恬静，含蓄的艺术效果，思明湖上的水落差让人不禁联想到广西特有的梯田美景让人流连忘返。特有的观景人工瀑布让人在学习的紧张之余还可以一观美景，给校园增添了浓重的文化人文景观氛围。

图3-25 封面

目录

1 项目概况

2 设计理念
3 景观规划
4 区域设计
5 景观细部
6 景观元素

设计单位——广西职业技术学院艺术设计系环艺教研室
设计制图——吕龙新、陶丽玫、罗维维（07环艺4班）
指导老师——曾令秋

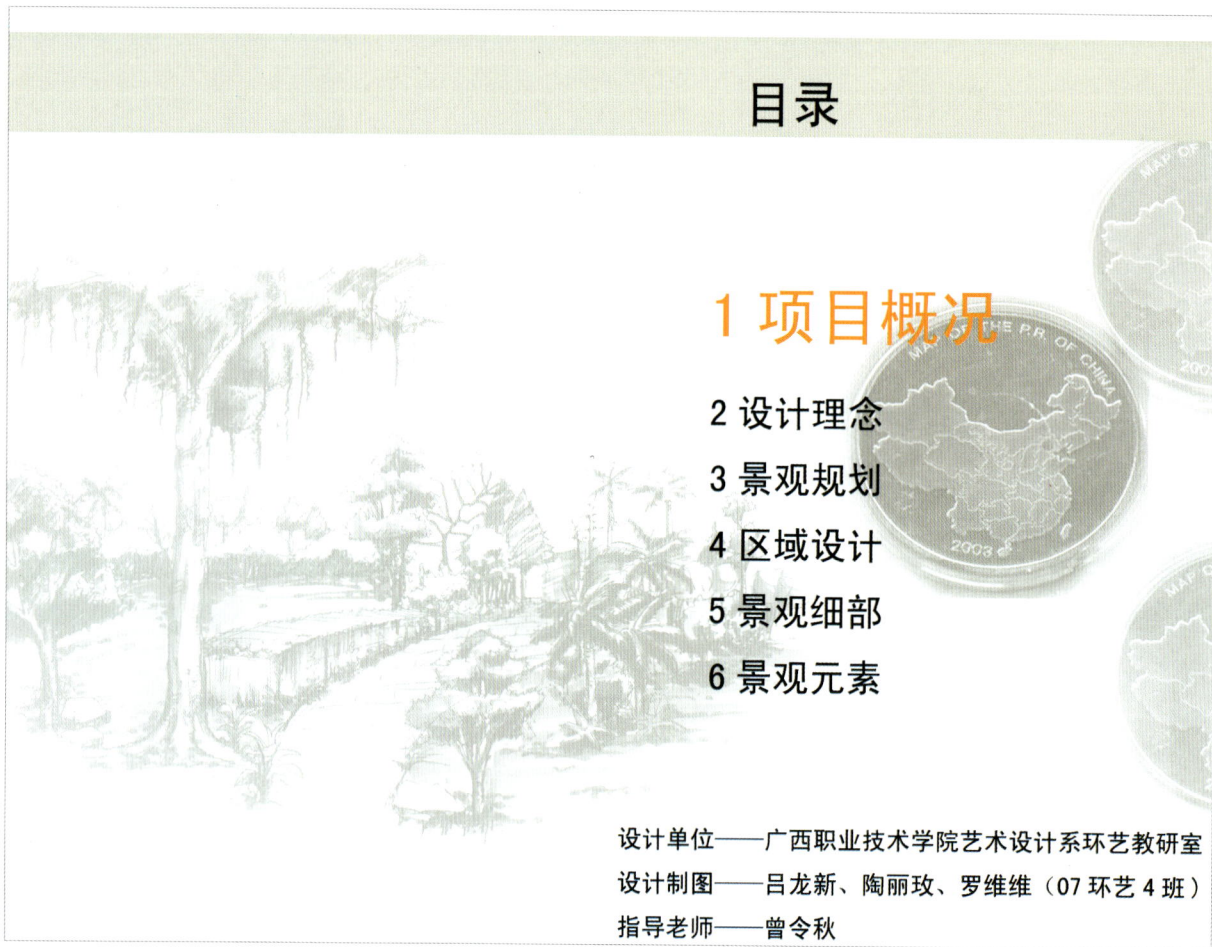

图3-26 目录 项目概况

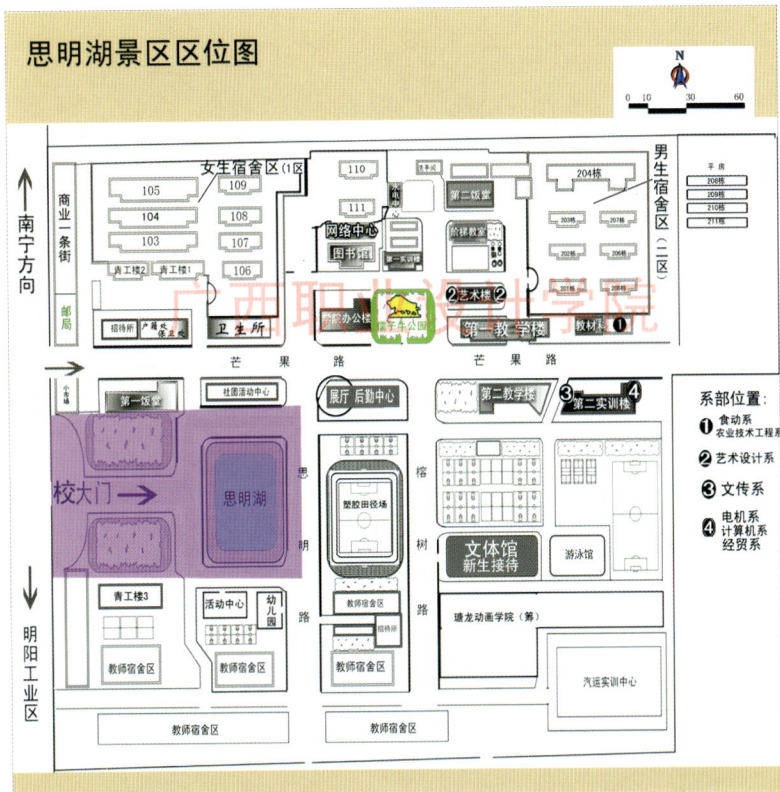

图3-27 区位图

现状分析

有利因素：

（1）广西职业技术学院与广西师范学院的师园学院相邻，所以与之可以形成浓烈的校园学习氛围，为师生提供了一个良好的交流环境，大大提高了景区的使用价值。

（2）思明湖景区周边的校园比较完整的配套基础设施为方案设计提供了更大的创意空间。

（3）思明湖独特的地理位置为人工水景的设计提供了有利的条件。

（4）现有的植物布局为绿化设计提供了便利条件。

不利因素：

（1）广西职业技术学院位于南宁市郊南宁明阳工业区，工业区的建设将对校园环境产生不利的影响。

（2）思明湖的死水为水体设计造成了一定的影响。

（3）有些不可砍伐而且又没有任何观赏和使用（遮阴与造景）价值的树种给景观植物造景带来了不利的影响。

图3-28 现状图

目录

1 项目概况

2 设计理念

3 景观规划

4 区域设计

5 景观细部

6 景观元素

设计单位——广西职业技术学院艺术设计系环艺教研室

设计制图——吕龙新、陶丽玫、罗维维（07环艺4班）

指导老师——曾令秋

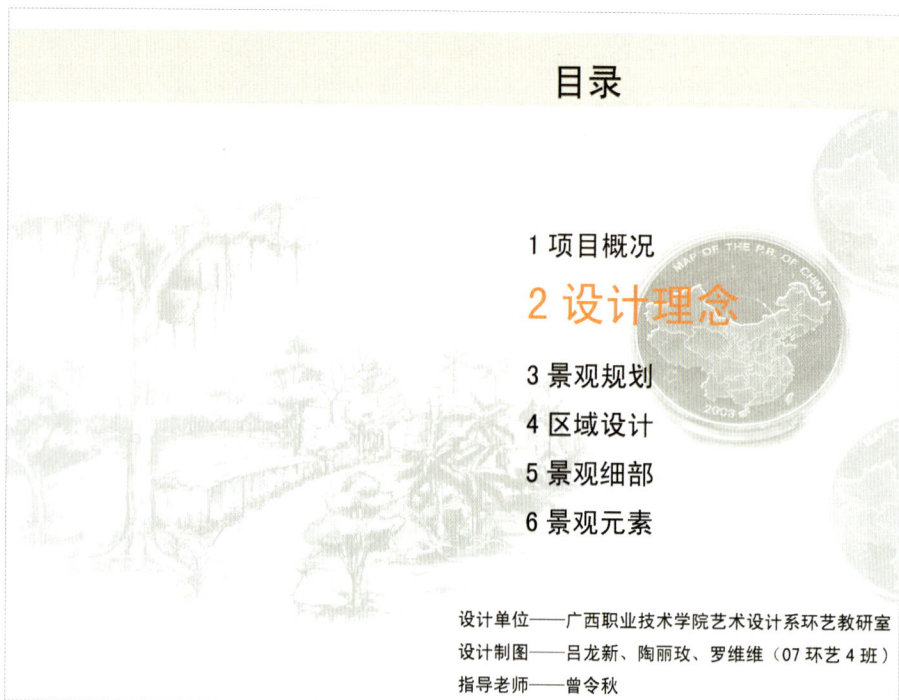

图3-29　目录　设计理念

设计之源

开发理念：营造安静、优雅、现代的校园环境。

建筑规划：现代建筑体现现代校园与时俱进的风格。

景明文脉：运用江南的水为主题，讲述广西特色的文韵。

图3-30　设计之源

广西职业技术学院思明湖景观设计灵感来源于江南水乡及广西的自然美景。在造园构景中运用多种手段来表现自然，以求得渐入佳境、小中见大、步移景异的理想境界，以取得自然、淡泊、恬静、含蓄的艺术效果，思明湖上的水落差让人不禁联想到广西特有的梯田美景，让人流连忘返。特有的观景人工瀑布让人在学习的紧张之余还可以一观美景，给校园增添了浓重的文化人文景观氛围。

图3-31　设计理念

通过景观与建筑的和谐设计，打造一个学习、生活、娱乐一体化的现代校园。

通过不同的设计表现建立鲜明的校园形象，创造浓烈的学习氛围和归属感。简洁有趣的现代景观和特色融合传统文脉，营造富有现代文化情结的景观体验。

多层次的学习和休闲机遇满足了不同人的需求。绿色和现代的完美结合，突出了学校的地理特点，实现了当代大学生追求绿色自然的意愿。

图3-32　设计目标

目录

1 项目概况

2 设计理念

3 景观规划

4 区域设计

5 景观细部

6 景观元素

设计单位——广西职业技术学院艺术设计系环艺教研室

设计制图——吕龙新、陶丽玫、罗维维（07环艺4班）

指导老师——曾令秋

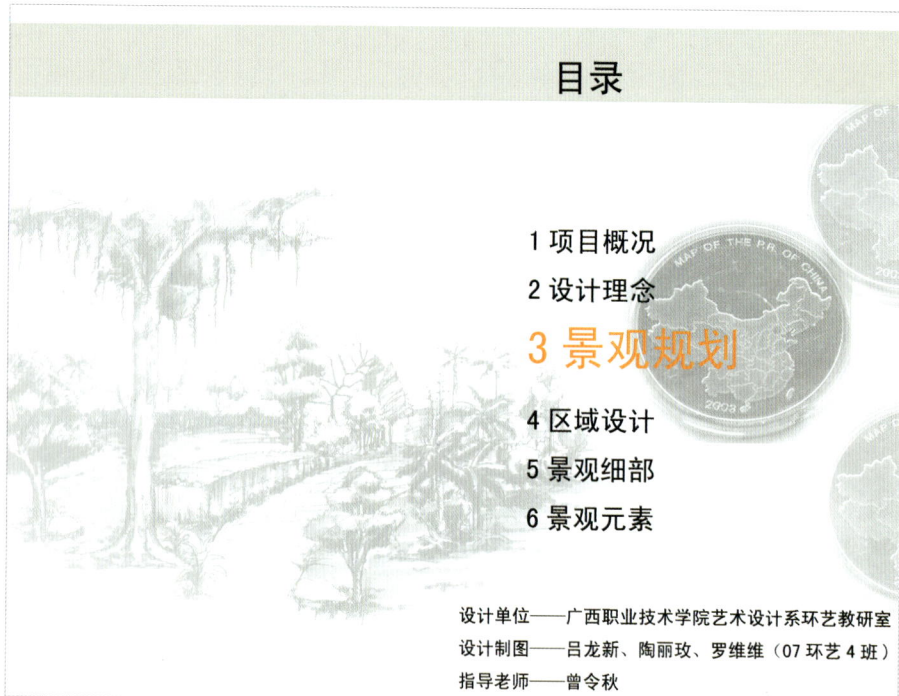

图3-33　目录 景观规划

景观总体规划平面　LANDSCAPE MASTERPLAN

景观总体规划平面

规划的景观总体采纳了现代公园的格式与类似的校园功能化设计。现代景观和水景设计启迪于广西风光美景及江南水景。

一系列不同功能的使用空间、公共空间、组团空间、交流空间等课作为校园活动娱乐、休闲、交友、学习之用。

多层次不同空间的设置可满足不同学生的生活和学习的使用需求。

所有公共景观、组团景观、学习景观的设计将达到高度可行性和生活安全性。

大面积绿化为主功能，硬地为辅，点缀丰富多样的主题景点。有效地控制景观的整体和层次，形成有趣的景观系统。

图3-34　总平面规划分析

总平面图 MASTER PLAN

图3-35 总平面规划图

整体鸟瞰

图3-36 鸟瞰图

景观分区图

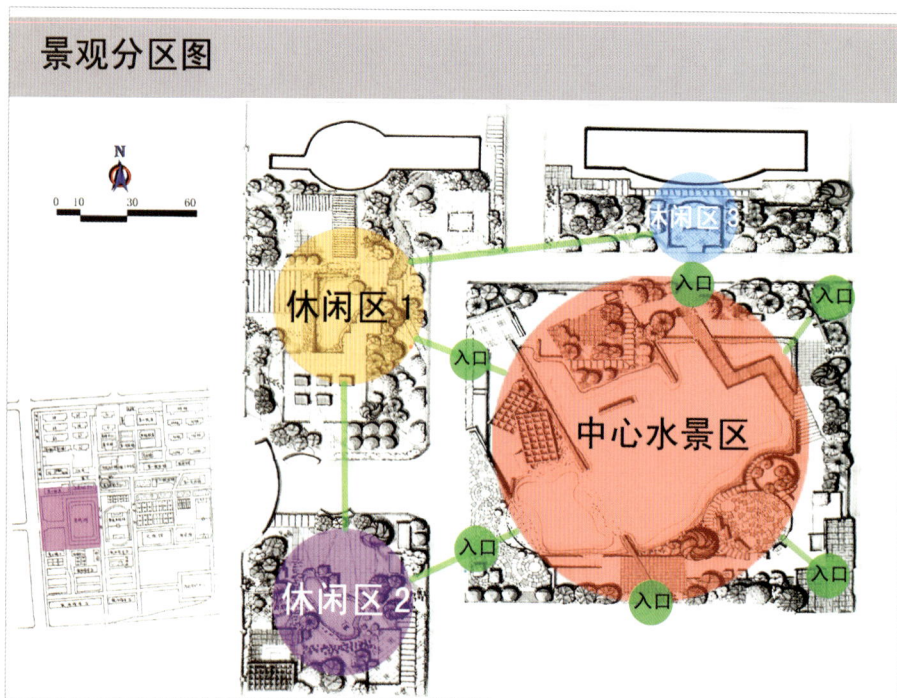

N

0 10   30   60

休闲区 3

休闲区 1

入口

入口

中心水景区

入口

入口

休闲区 2

入口

图3-37 功能分区

流线分析 LANDSCAPE CONCEPT ANALYSIS

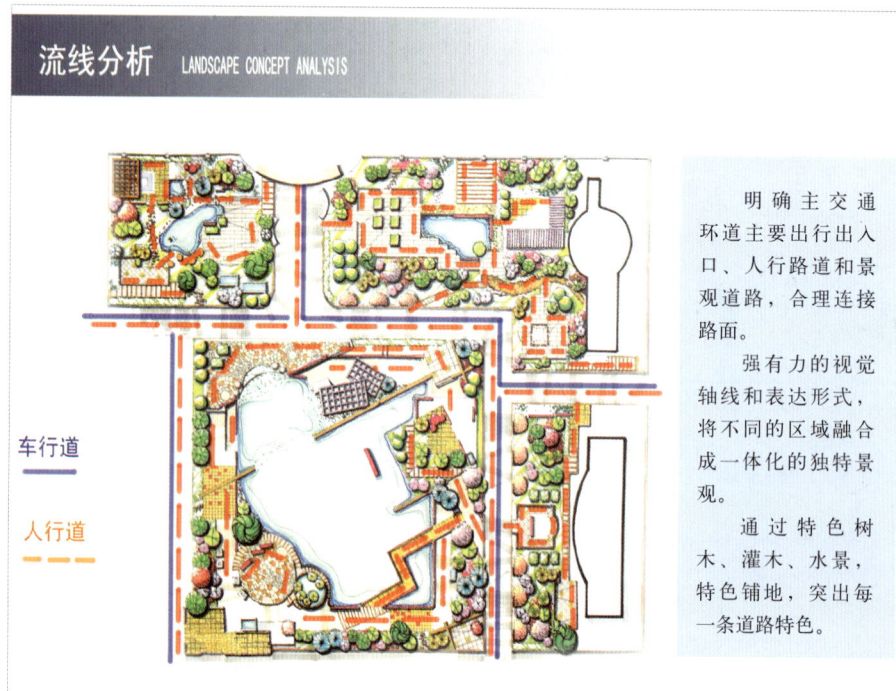

车行道

人行道

　　明确主交通环道主要出行出入口、人行路道和景观道路,合理连接路面。

　　强有力的视觉轴线和表达形式,将不同的区域融合成一体化的独特景观。

　　通过特色树木、灌木、水景,特色铺地,突出每一条道路特色。

图3-38 流线分析图

竖向设计 LEVELS PLAN

在设计上的多层次景观规划，追求的是高低错落的现代景观感，解决空间竖向变化并服务不同层次的空间感觉，并有利创造自然的地形效果，形成景观特色，紧抓思明湖的地理特色，通过巧妙的地形设计突出思明湖的水景魅力，从而得出自然丰富的设计效果。

图3-39 竖向设计图

视线分析 LANDSCAPE CONCEPT ANALYSIS

一系列不同空间的塑造，根据空间所承担的区域功能设计，并尽可能对视线进行引导，形成有层次、丰富的景观效果。同时承担起校园形象活动的功能，区分公共、组团等层次空间，并有效组成系统。务必将现代设计与广西特有的风情融为一体。

水景区

重点景区

视点及视角

图3-40 视线分析图

目录

1 项目概况

2 设计理念

3 景观规划

4 区域设计

5 景观细部

6 景观元素

设计单位——广西职业技术学院艺术设计系环艺教研室
设计制图——吕龙新、陶丽玫、罗维维（07环艺4班）
指导老师——曾令秋

图3-41 目录 区域设计

A组团 平面图

幽静小亭 景观水景 溪世道 景观水景 榕树下 小广场 开放绿化 星光广场 特色水景

图3-42 A组团平面图

图3-43　A组团特色水景透视效果图

图3-44　A组团花溪步道透视效果图

剖面图 --A组团

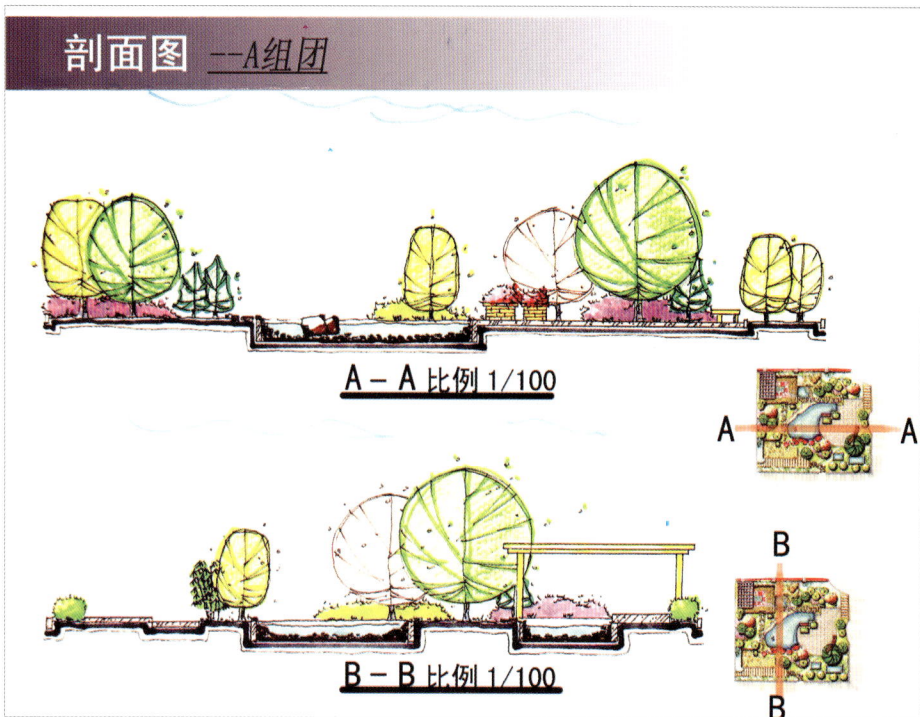

A－A 比例 1/100

B－B 比例 1/100

图3-45 A组团剖面图

B组团 平面图

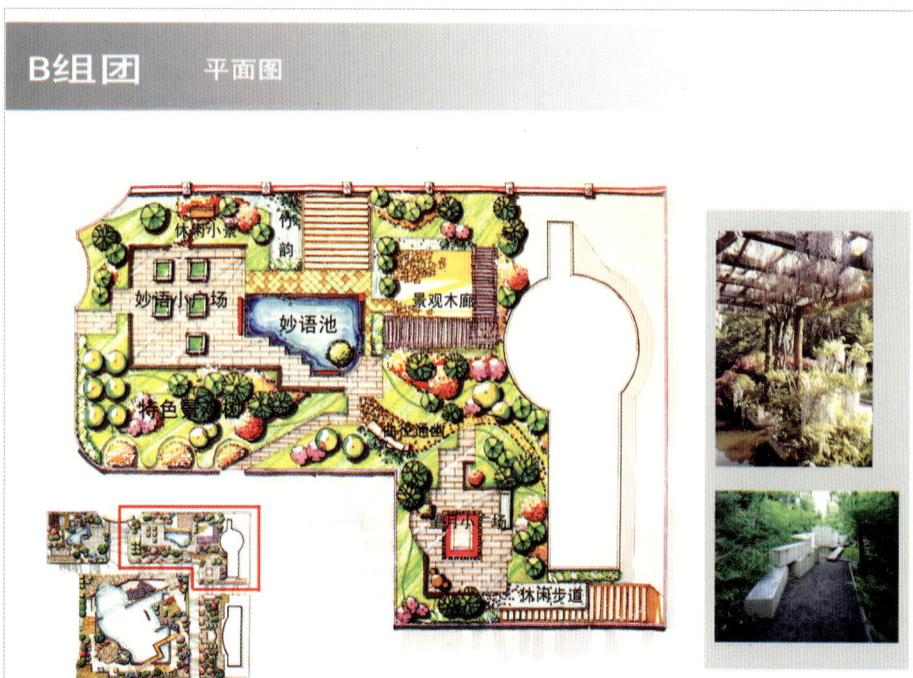

休闲小景
竹韵
妙语小广场
妙语池
景观木廊
特色景
休闲步道

图3-46 B组团平面图

图3-47　B组团景观木廊透视效果图

图3-48　B组团妙语池透视效果图

剖面图 --B组团

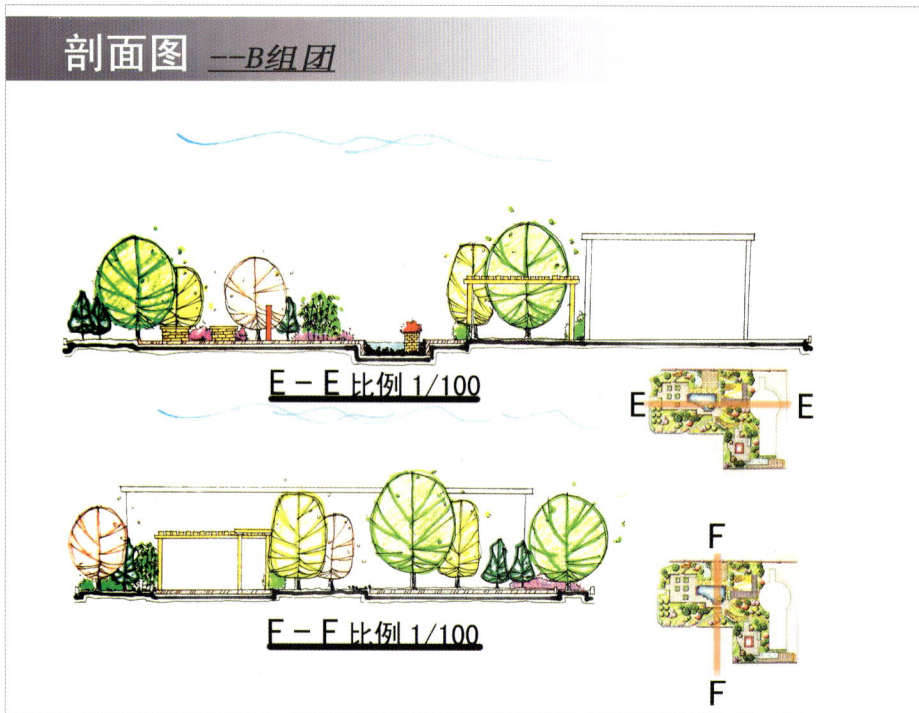

E－E 比例 1/100

E   E

E－F 比例 1/100

F

F

图3-49 B组团剖面图

C组团平面

特色瀑布

特色跌水

亲水阁

特色

跌水

树下

小坐

花溪步道

镜水台

色郁

树阵

景观桥

畔水廊

英语学习广场

迷你广场

休闲广场

图3-50 C组团平面图

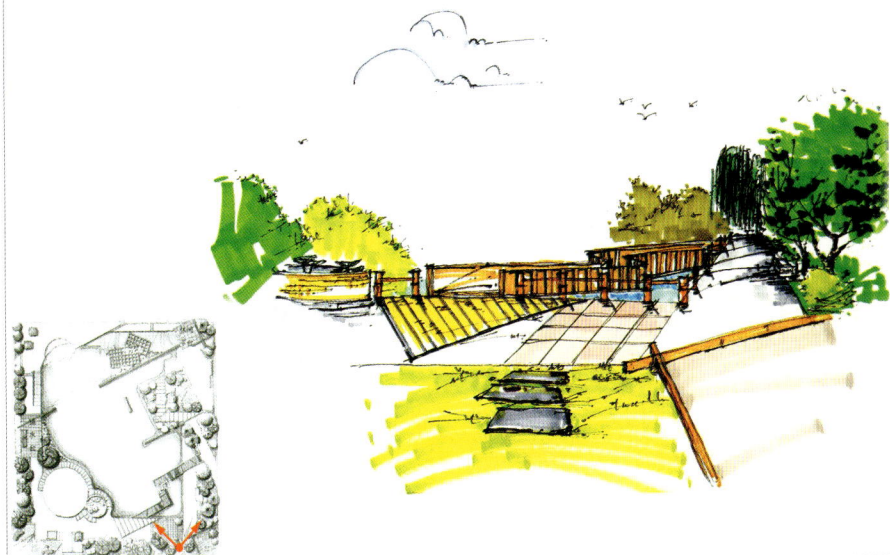

C组团透视图　　畔水廊

图3-51　C组团畔水廊透视效果图

C区透视　　　　特色人工瀑布

图3-52　C组团特色人工瀑布透视效果图

剖面图　　C组团

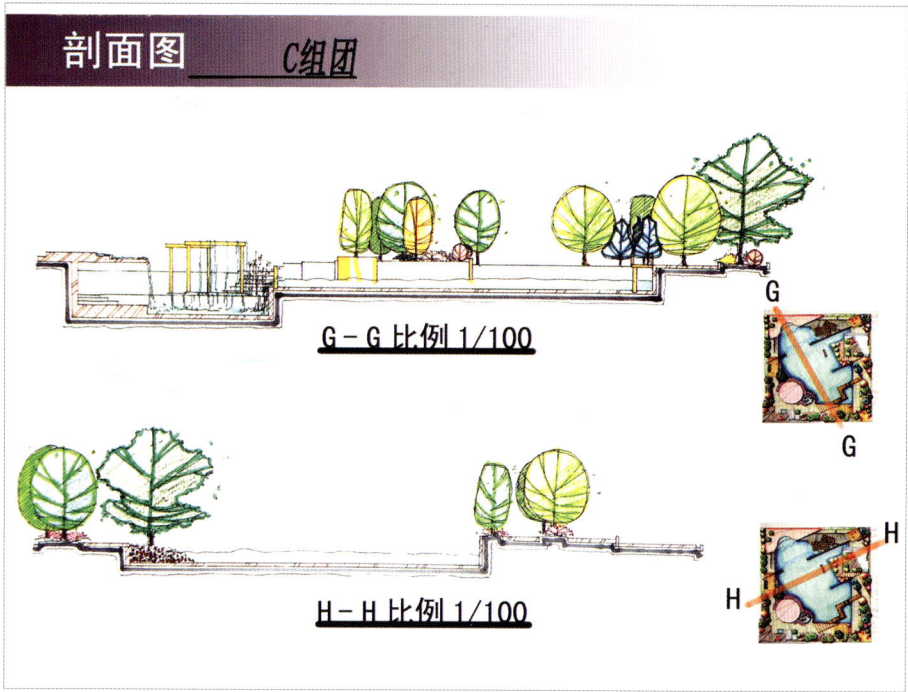

G－G 比例 1/100

H－H 比例 1/100

G

G

H

H

图3-53　C组团剖面图

D组团　平面图

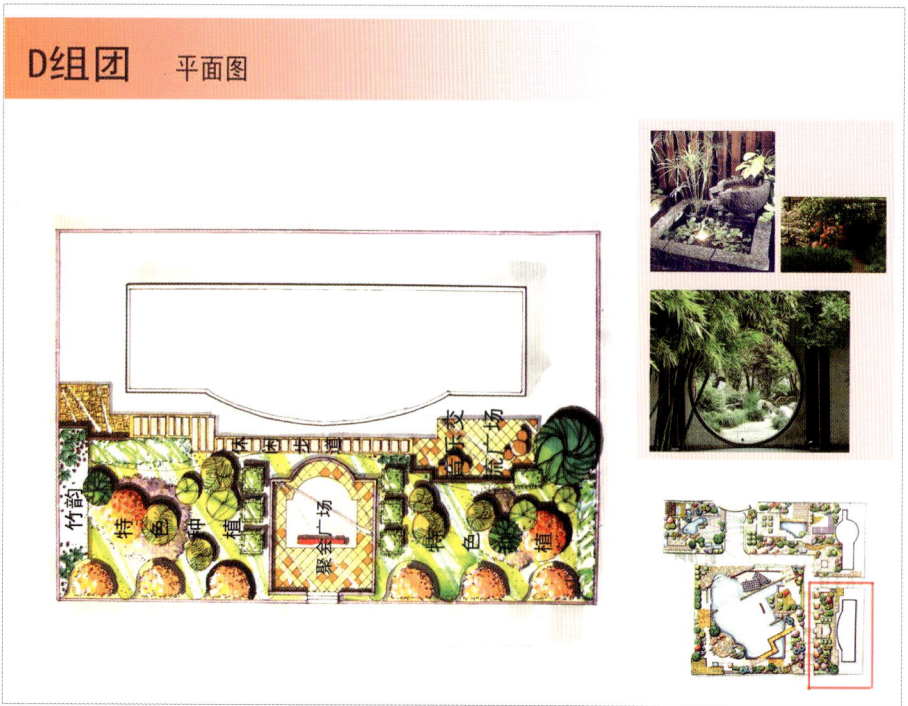

竹韵特色种植

聚会广场

广场

特色种植

图3-54　D组团平面图

D组团透视　音乐交流广场

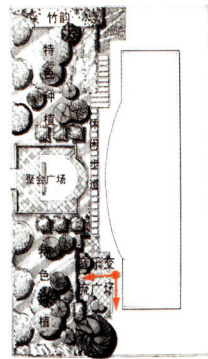

图3-55　D组团音乐交流广场一角透视图

D组团透视　休闲步道

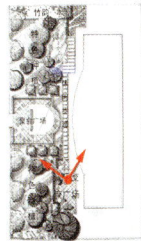

图3-56　D组团休闲步道透视图

剖面图 —D组团

C—C 比例 1/100

D—D 比例 1/100

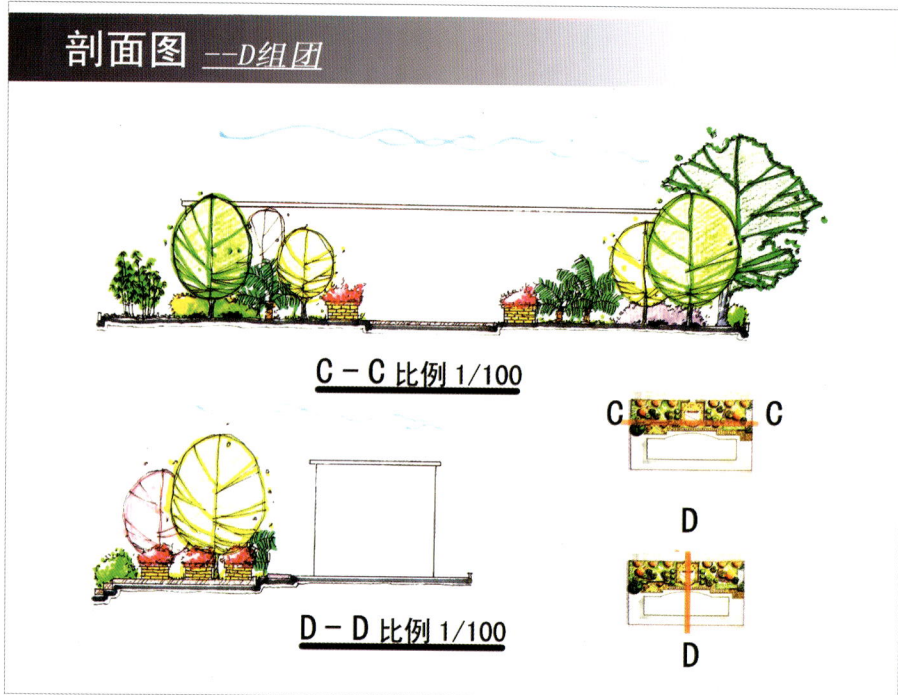

图3-57 D组团剖面图

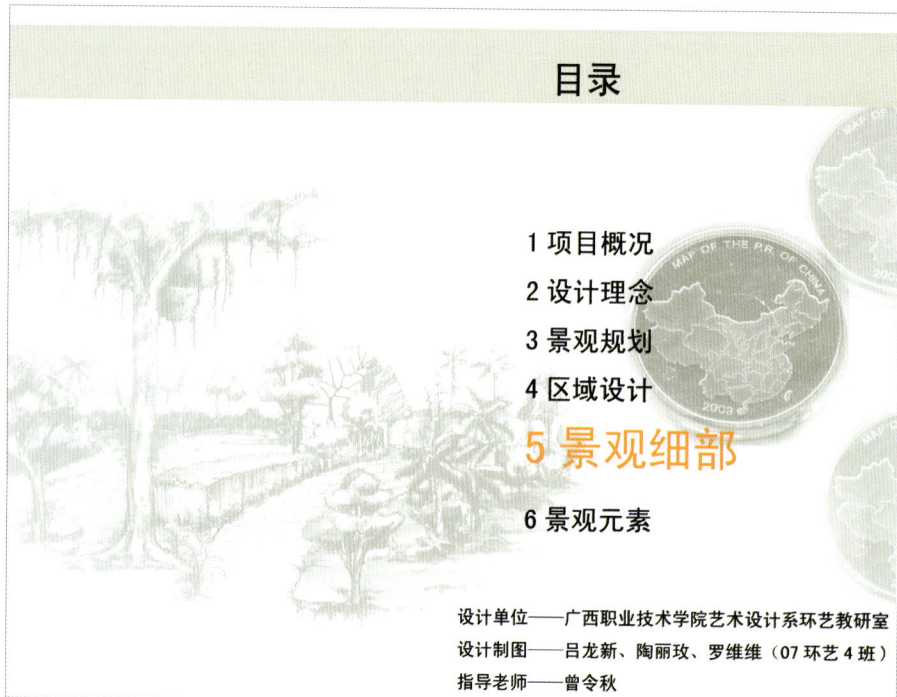

目录

1 项目概况

2 设计理念

3 景观规划

4 区域设计

5 景观细部

6 景观元素

设计单位——广西职业技术学院艺术设计系环艺教研室
设计制图——吕龙新、陶丽玫、罗维维（07环艺4班）
指导老师——曾令秋

图3-58 目录 景观细部

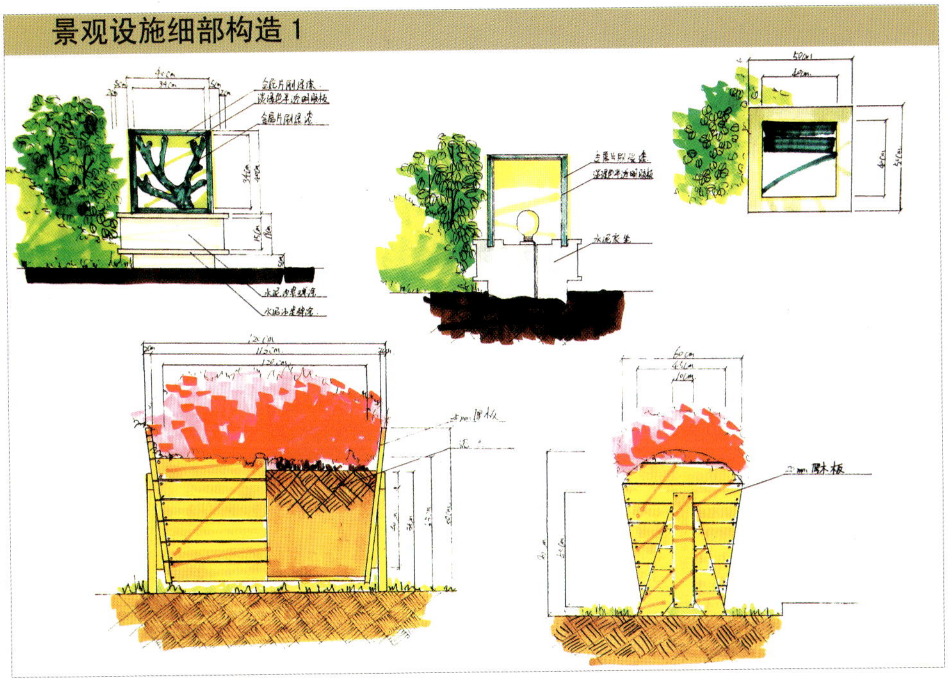

景观设施细部构造 1

图3-59 细部构造1

景观设施细部构造 2

图3-60 细部构造2

目录

1 项目概况

2 设计理念

3 景观规划

4 区域设计

5 景观细部

6 景观元素

设计单位——广西职业技术学院艺术设计系环艺教研室

设计制图——吕龙新、陶丽玫、罗维维（07 环艺 4 班）

指导老师——曾令秋

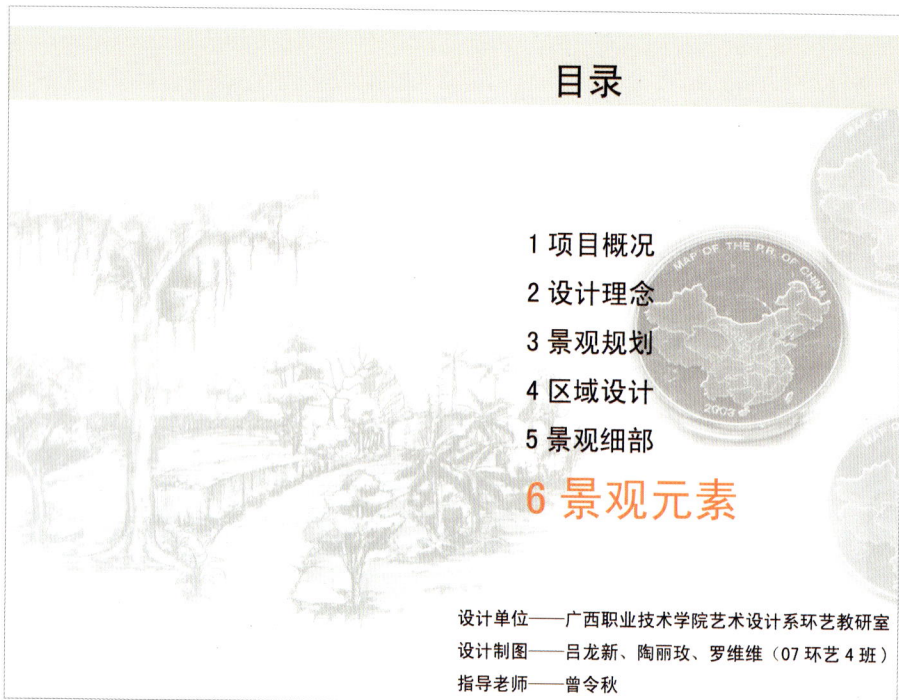

图3-61　目录 景观元素

种植意向 LANDSCAPEMASTERPLAN

1．榕树　　　12．荷花

2．合欢　　　13．桂花

3．黄花夹竹桃　14．佛肚竹

4．彩叶草　　　15．玉兰

5．天竺桂　　　16．九里香

6．垂柳　　　17．旅人蕉

7．鱼尾葵　　　18．马尼拉草

8．扶桑　　　19．蜘蛛抱蛋

9．红桑　　　20．黄素梅

10．女贞　　　21．野蔷薇

11．樱花

图3-62　种植设计意向图

物料设计 LANDSCAPE MATERIAL

硬景观的图案纹理与规划中的设施主题遥相呼应。

应用环保型的石料和木料与周边的环境相融合，让自然与现代融为一体。

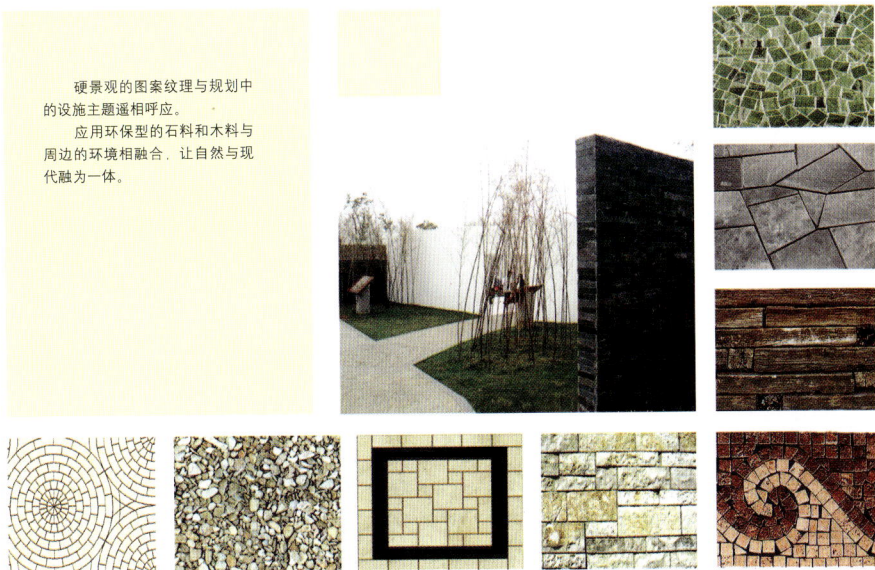

图3-63 物料设计意向图

景观设施 LANDSCAPE FURNITURE

休息坐椅
和绿化有机结合，大部分为木质坐椅，更加贴近自然。

垃圾桶
废物箱设置在道路的两旁和道路口。

趣味花圃
为木质结构，突出设计自然简朴的特点。

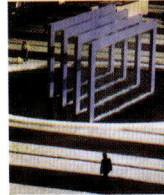

图3-64 景观设施意向图

景观标识 LANDSCAPE SIGN

标识设计应直观表达标识意图，尽量景观化、专业化。使标识与景观融为一体并不失现代景观的特点。

图3-65 景观标识意向图

照明设计 LANDSCAPE LIGHTING

照明设计保障功能以照明为基础，以间接隐藏照明、减少光源同时重点突出景观效果，灯的色调特别搭配景观特点，突出设计重点。

图3-66 照明设计意向图

特色水景 WATER FEATURE

景观中的水元素将限于重要区域和关键地带，组团景观将由点状水景来补助，不同地方的水景将有不同的水主题去展开设计。声、色两元素融于水中，将更加突出水的动人与明丽。

图3-67　特色水景意向图

第七节 ///// 实践性教学

一、任务目标

根据校企合作的项目或自设并选定以下项目中一项：

(1) 对某校园景观改造设计

(2) 对某广场景观改造设计

(3) 对某步行街景观改造设计

(4) 对居住小区景观改造设计

完成整个项目规划设计文本。

二、实施方式

以5～10人为一个小组，自行制订计划，并组织完成项目任务目标。

三、具体安排

各小组分工合作，共同分步骤完成以下各项任务：

(1) 进行实地勘察，收集相关资料。

(2) 对地理位置和人文资料进行分析以及项目基地现状分析。

(3) 对地域的地面铺装材料进行市场调查。

(4) 绘制项目的地面铺装现状分析图。

(5) 绘制项目的地面铺装平面布局图。

(6) 绘制各种方案表现图纸并且写上设计说明。

方案图纸制作要求：

(1) 方案过程用手绘表达。

(2) 总平面图、现状分析图、交通分析图、植物种植设计图、功能分区图、景观结构分析图、竖向设计图、鸟瞰透视图、区域小品透视图、公共设施示意图、设计说明等用PS形式表达。

成果提交：

(1) 用PPT的方式答辩课题并点评作品。

(2) 用展板形式在教学楼展厅展出。

(3) 制作完整的规划设计文本。

四、成绩评定

(1) 各小组派1名组员进行PPT陈述完整的规划设计，另1名组员协助进行PPT播放。

(2) 各小组展示规划设计文本，互相观摩学习。

(3) 各小组组长、教师以及校外实训基地代表共同对各组成绩进行评分。教师综合小组评分后，给出每个同学该单元的总成绩。

[复习参考题]

◎ 分析一套景观规划设计方案，了解在设计中主题的确定及风格的定位。

◎ 在景观规划设计中如何运用民族元素？

◎ 在景观规划设计时，如何从经济与审美之间找到平衡？

◎ 现在很多地方的小区建设为了吸引购房者，起了很多洋名字，如"维多利亚花园"、"欧陆风情小区"、"波斯湾风情"等，你对此现象有何看法？